JN135389

「ROS2」ノード向けの小型マイコンボード

「GR-ROSE」ではじめる電子工作

ジーアール　ローズ

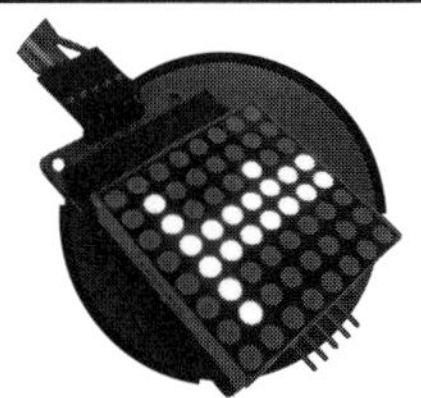

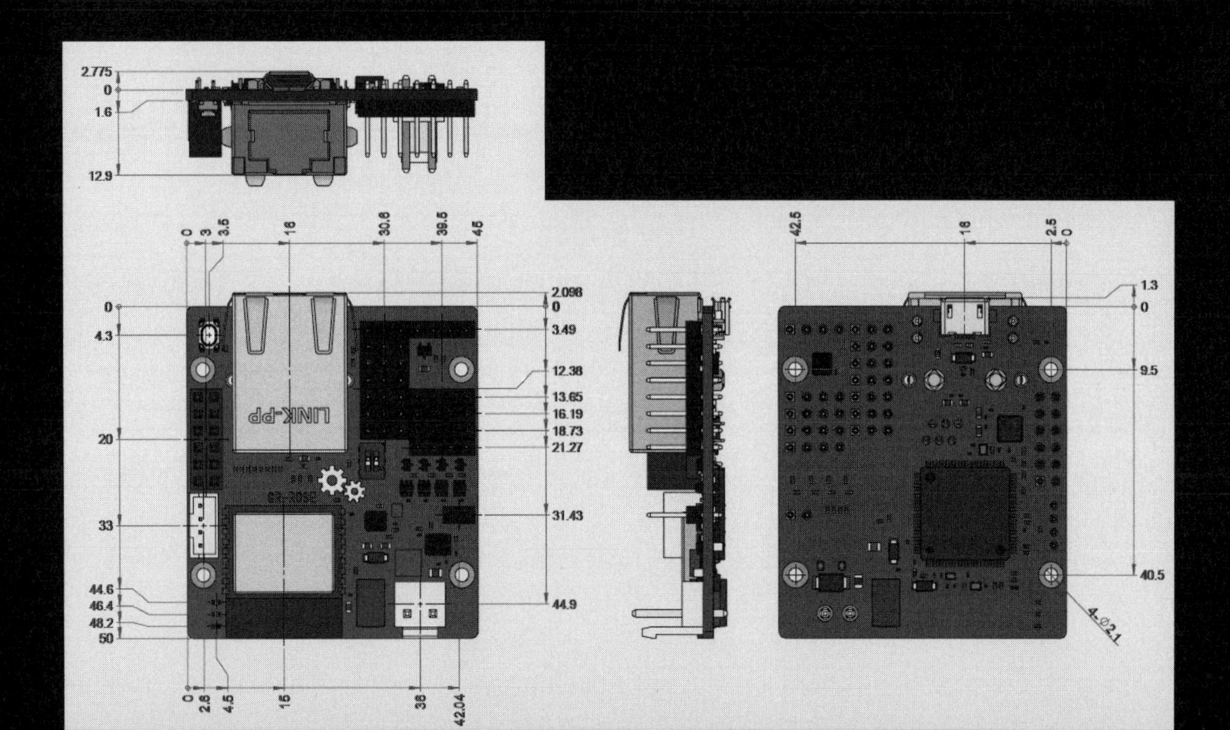

はじめに

「プロトタイピング」とは、"創りたいものを短時間で試作する"ことです。
本書で取り扱う「GR-ROSE」(ジーアール・ローズ)は、「ロボット」や「IoTシステム」の"プロトタイピング"に適した小型ボードです。

本書で「GR-ROSE」の基本的なプログラムの作り方からはじめ、「センサ」や「モータ」の扱い方、「Robot OS」(ROS)や「AWS IoT」などのフレームワークまで学び、プロトタイピングに活かしていただきたいと思います。

*

「GR-ROSE」という名称は、「ROS Enable」を由来としており、「ROS2を扱える」のが最大の特徴です。

「ROS」は、ロボット用のオープンソースとして提供され、世界中の開発者がコミュニティに参加しています。

「ROS」と「GR-ROSE」を組み合わせることで、人の役に立つロボットの開発につながることを願っています。

*

「GR-ROSE」は、ルネサス エレクトロニクス製の32ビットマイコン、「RX65N」の豊富なメモリと機能を活かし、「Amazon FreeRTOS」による「マルチタスク化」や「AWS IoTへの接続」もできます。
「GR-ROSE」の高密度な設計はコア社が行ない、「ROS2用ソフト」の移植はイーソル社がしました。

そして、ksekimoto氏によって移植された「MicroPython」や「.Net Micro Framework」は、より広いコミュニティとの接点となって、「ものづくり」の枠を広げるでしょう。

「創りたい!」から「造れる」へ、読者諸氏が夢ある楽しい「ものづくり」につながれば、幸いです。

GADGET RENESASプロジェクト一同

「GR-ROSE」ではじめる電子工作　CONTENTS

「サンプル・ファイル」のダウンロード

本書の「サンプル・ファイル」は、工学社ホームページのサポートコーナーからダウンロードできます。

<工学社ホームページ>

http://www.kohgakusha.co.jp/support.html

ダウンロードしたファイルを解凍するには、下記のパスワードを入力してください。

8rF2rAufbcAt

すべて「半角」で、「大文字」「小文字」を間違えないように入力してください。

第1章

ハードウェア編

この章では、マイコンボード「GR-ROSE」と、それに搭載されているCPU「RX65N」の特徴や機能を紹介致します。

1-1 「GR-ROSE」について

■「GR-ROSE」とは

「GR-ROSE」(ジーアール・ローズ)は、半導体メーカー、**ルネサス エレクトロニクス社**製のCPU「RX65N」※を搭載しています。

※「ルネサス エレクトロニクス」オリジナルのCPUで「RXv2」コアを採用

「RX65N」は、

・Ethernetコネクタ
・無線LANモジュール
・MicroUSBコネクタ
・「TTL/RS-485」の「シリアル・サーボモータ」が接続可能なコネクタ
・「PMOD互換」の拡張コネクタ
・「ADC/DAC」の機能をもつ拡張GPIOコネクタ

などをもつ、「多軸モータ制御に特化した小型マイコンボード」です。

図1-1-1　GR-ROSE

■何ができるか

IoTデバイス開発プラットフォーム「Gadget Renesas Web Compiler」に対応しており、インターネット接続が可能です。

Webブラウザが使えるデバイス（「PC」や「タブレット」「スマートフォン」など）があれば、どこでもソフトの開発ができます。

また、専用の「デバッグ・ツール」を用意する必要もありません。

「GR-ROSE」とPCなどの開発デバイスをUSBでつなぎ、コンパイルしたファイルをコピーすることによって、作ったソフトを「GR-ROSE」側に書き込むことが可能です。

*

また、「PMOD互換拡張コネクタ」によって、市販されているPMOD対応モジュールを扱うことができます。

「4chの1wire」、または「2wireのシリアル・サーボモータ」を接続できるコネクタ、「RS-485通信コネクタ」、「ADC/DACコネクタ」、「Ethernetコネクタ」などで、モータをつないで動かすことができます。

■「GR-ROSE」の特徴

「GR-ROSE」は、「RX65N」という「ルネサス エレクトロニクス」のオリジナルコアである「RXv2」を採用した高性能なCPUを使っています。

「RX65N」のコア「RXv2」は、最大120MHzの動作周波数で、高い電力効率のもと動作します。

「GR-ROSE」に搭載の「RX65N」は、2MByteの大容量コードフラッシュメモリを内蔵しているので、大きなプログラムを格納できます。

「暗号機能」も搭載しているので、より強固なセキュリティシステムを実現できます。

「GR-ROSE」は、後述する機能を使うことで、この1枚のボードで“多軸のモータを操る”ことが可能です。

*

「50mm×45mm」の小さな基板に、以下のものが詰め込まれています。

- Ethernetコネクタ
- 無線LANモジュール
- MicroUSBコネクタ
- PMOD互換コネクタ
- GPIOとしても使用可能な「ADC/DACコネクタ」
- 4つの「1wire」または「2wire」のシリアル通信コネクタ（シリアルサーボモータ接続可能）
- 1つのRS-485コネクタ
- 「E1エミュレータ」または「E2エミュレータ（Lite）」が接続可能なエミュレータ接続コネクタ

■「GR-ROSE」の構造

では、「GR-ROSE」の主な搭載部品を見ていきましょう。

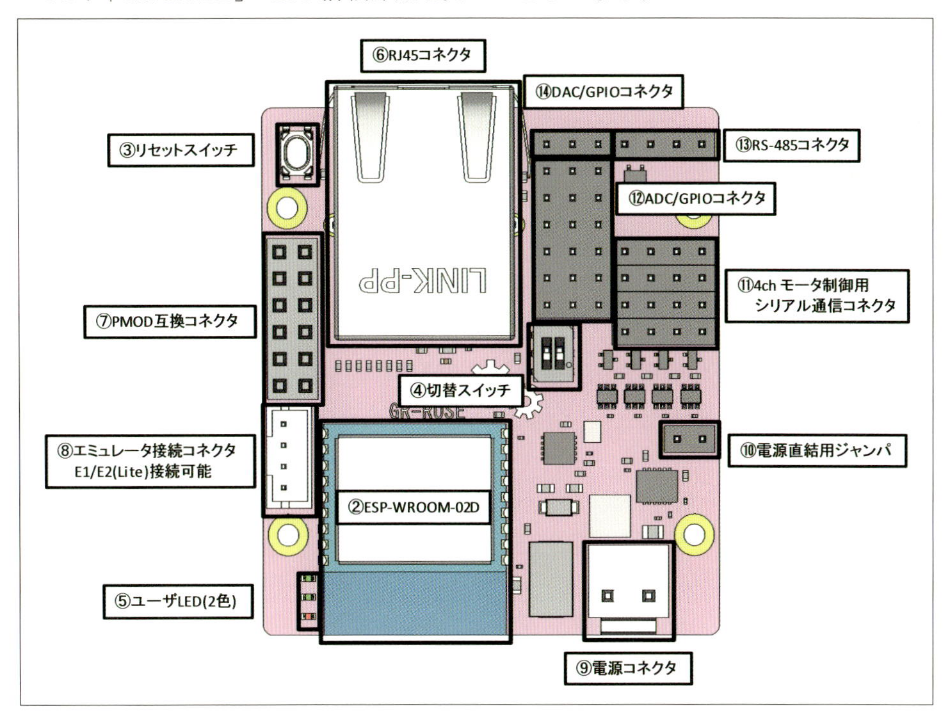

図1-1-2 GR-ROSE(表面)

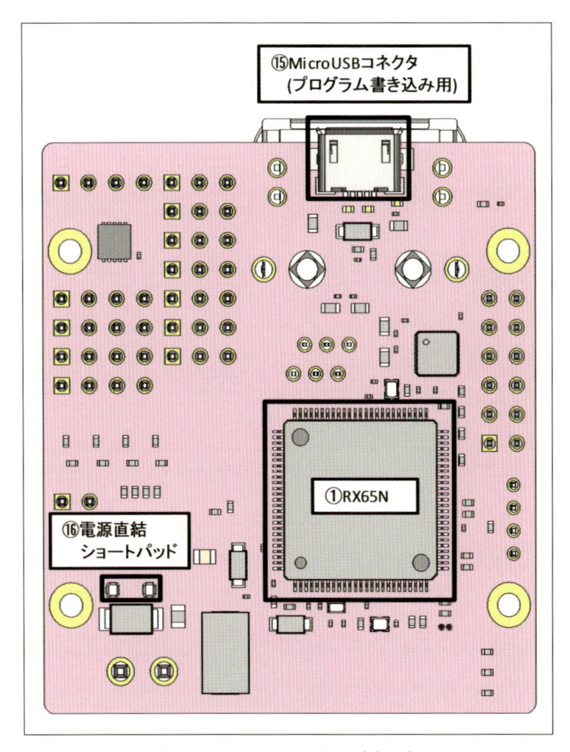

図1-1-3 GR-ROSE(裏面)

①RX65N

「RXv2コア」をもつ32bit高速CPU（詳細は後述）。

②無線LANモジュール(ESP-WROOM-02D)

IEEE 802.11b/g/n（2.4GHz～2.5GHz）対応の「Wi-Fiモジュール」。
「RX65N」からは「UART」で制御。

③リセット・スイッチ

「GR-ROSE」にリセットをかけるスイッチ。
作ったプログラムを書き込むときにも使う。

④「ブート・モード」/「シリアル通信 信号電圧」切り替えスライドスイッチ

「RX65N」の「ブート・モード」と「シリアル通信」（UART）用の「信号電圧」を切り替えるスイッチ。

・「ブート・モード切り替え」（出荷時「R（RUN）」設定）
　シルクR（Run）側：通常動作モード
　…プログラムの書き込み及び書き込んだプログラムを動作させるモード。
　シルクP（Program）側：ファームウェア書き換えモード
　…「RX65N」のファームウェアを書き換える時のモード。

・シリアル通信電源切り替え（出荷時「V5」設定）
　シルクV5側：シリアル通信（UART）の信号電圧を「5V」にする。
　シルクV3側：シリアル通信（UART）の信号電圧を「3.3V」にする。

※シリアル通信信号電圧レベルを「5V」で使う場合は、使う「TxDピン」を「オープンドレイン」に設定。

⑤ユーザーLED

プログラムで「ON/OFF」の制御が可能なLED。
「緑色」「赤色」が各1個搭載されている。

⑥有線LAN「RJ45」コネクタ

「10BASE-T/100BASE-T」対応のLANコネクタ。
搭載している「EtherPHY」は、MICROCHIP社の「LAN8720A」で「RMII接続」になる。

⑦PMOD互換コネクタ

DIGILENT社が制定する、“低周波・少数IO”の「ペリフェラル・ボード」が接続可能なコネクタ。
「GPIO/PWM/IRQ/UART/SPI/I2C」がアサインされている。

※「GR-ROSE」では、本コネクタ(ピン・ソケット)は未実装。
使う場合は「ピン・ソケット」もしくは「ピン・ヘッダ」を別途購入して実装。
推奨コネクタは、廣杉計器製「FSS-42085-06」。
完全互換ではないので、使う機能を確認の上、使用してください。

⑧エミュレータ接続コネクタ

ルネサス エレクトロニクスが販売しているデバッガ「E1 エミュレータ」または「E2 エミュレータ(Lite)」と「FINE接続」するコネクタ。

※「GR-ROSE」では、本コネクタ(ピン・ソケット)は未実装。
使う場合は、別途コネクタを購入して実装。
実装可能コネクタは、JST製の「B4B-PH-K-S」。

⑨電源コネクタ

「5V」以上で動作するモータを使う場合は、ここから給電する。
通常給電可能電圧は「4.5〜18V」。
「4.5V」以下の給電も可能だが、詳細は⑩を参照。

※ケーブル側のハウジングは、JST社の「VHR-2N」を使ってください。

⑩電源直結用ジャンパ(低電圧モータ用)

⑨の「電源コネクタ」を使って「4.5V」以下のモータを使う場合は、ショートさせる。

搭載している「5V生成電源IC」は4.5V以下では動作しないため、入力電圧を電源ICに通さずパスさせるジャンパになる。

※「GR-ROSE」では、本コネクタ(ピン・ヘッダ)は未実装。

⑪シリアル通信(UART)用コネクタ

「シリアル・サーボモータ」を接続できるコネクタ。
プログラムによって、「1wire通信」と「2wire通信」の切り替えが可能。
また、④の「切り替えスイッチ」で信号の電圧を「3.3V」と「5V」の切り替えが可能。

※信号電圧を「5V」で使う場合は、使う「TxDピン」を「オープン・ドレイン」に設定。

⑫ADC/GPIOコネクタ

「6ch」の「ADC」として使えるコネクタ。
「ADC」として使わない場合は、「GPIO/PWM/IRQ/SPI/CAN/SPI MultiIO/SDHI」として使うことも可能。

※「GR-ROSE」では、本コネクタ(ピン・ヘッダ)は未実装。
使う場合は「ピン・ソケット」もしくは「ピン・ヘッダ」を別途購入して実装してください。
推奨コネクタは、廣杉計器製「PSS-430256-06」です。

⑬シリアル通信(RS-485)用コネクタ

半二重の「RS-485」コネクタ。
「RS-485」用の「シリアル・サーボモータ」を接続可能。

※「GR-ROSE」では、本コネクタ(ピン・ヘッダ)は未実装。
使う場合は「ピン・ヘッダ」を別途購入して実装。
推奨コネクタは、廣杉計器製「PSS-410256-04」です。

⑭DAC/GPIOコネクタ

「1ch」の「DAC」として使えるコネクタ。

「DAC」として使わない場合は、「GPIO/IRQ」として使うことも可能。

※「GR-ROSE」では、本コネクタ(ピン・ヘッダ)は未実装。
使う場合は「ピン・ソケット」または「ピン・ヘッダ」を別途購入して実装。
推奨コネクタは、廣杉計器製「PSS-410256-03」です。

⑮MicroUSBコネクタ(ソフト書き込み)

PCなどの開発デバイスと接続するためのコネクタで、作ったソフトを「GR-ROSE」に書き込むときに利用する。

また、「USB CDC」で「シリアル・モニタ」としても利用できる。

「GR-ROSE」は、開発デバイス上では「USBメモリ」のように扱われる。

開発デバイス上でのドライブ名は、「GR-ROSE」と表示される。

⑯電源直結ショートパッド

⑨の電源コネクタに、「4.5V」以下のバッテリなどを接続して電源を供給する場合、ボード内の「ダイオード」による電圧低下で、モータ駆動可能な電圧がモータに供給できない場合がある。

「4.5V」以下のバッテリを使う場合は、ここを半田でショートさせることによって、「ダイオード」をパスすることになるため、電圧降下を防ぐことが可能になる。

※逆流防止のダイオードをパスする「ショート・パッド」なので、半田でショートすると"安全機能をキャンセル"することになります。
半田でショートする場合は、充分に注意してください。

■「RX65N」の特徴

以下に「RX65N」がもつ特徴を挙げておきます。

- 最大動作周波数120MHz駆動の「ルネサス エレクトロニクス」オリジナルの「RXv2 CPUコア」を採用
- 「8kBのスタンバイRAM」「640kBのSRAM」「32kBのデータフラッシュメモリ」「2MBのコードフラッシュメモリ」を内蔵
- 「AESa」「真正乱数発生器」「Trusted Secure IP」の暗号機能
- 外部メモリ(8bit/16bit/32bit)が使用可能なバスステートコントローラ(GR-ROSEでは使えません)
- 12チャネルの「シリアルコミュニケーション・インターフェイス」(GR-ROSEは「Ch.0/1/2/3/5/6/8/10」の8チャネルが使用可能)

※「Ch.0/2/5/6」は、「1wire/2wire」で使用可能。
(ソフトウェアで切り替え)
「Ch.8/10」は、「RS-485」に使う。
「Ch.3」は、「Wi-Fiモジュール」に使う。
「Ch.1」は、「PMOD互換コネクタ」に使う。

・3チャネルの「ルネサスシリアル・ペリフェラルインターフェイス」(GR-ROSEは、「Ch.B」の1チャネルが使用可)
・1チャネルの「SPIマルチI/Oバスコントローラ」(GR-ROSEは使用可能です)
・12チャネルの「I2Cバスインターフェイス」(GR-ROSEは、「Ch.1/2」の2チャネルが使用可能)
・2チャネルの「CANインターフェイス」(「GR-ROSE」では使えません)
・「IEEE802.3」のMAC層規格準拠「10/100BASE-Tイーサネットコントローラ」(GR-ROSEでは、「RMII」を使っています)
・1チャネルのUSB2.0「ホスト」/「ファンクション」モジュール」(GR-ROSEは、「ファンクション」になっています)
・最大4096×4096の「パラレルデータ・キャプチャユニット」(GR-ROSEでは使えません)
・最大1024×1024の「グラフィックLCDコントローラ」(GR-ROSEでは使えません)
・2チャネルの「SDHIインターフェイス」(GR-ROSEはCh.Bの1チャネルが使用可能)
・MMCホストインターフェイス(GR-ROSEでは使えません)
・22チャネルの「12bit分解能A/D変換器」(GR-ROSEは、「AN102/103/104/105/106/107/109/110/111/112/113」の11チャネルが使用可能)
・1チャネルの「12bit分解能D/A変換器」(GR-ROSEはCh.1の1チャネルが使用可能)
・1チャネルの「12bit分解能温度センサ」

1-2 「GR-ROSE」の機能

次に、「GR-ROSE」がもつ機能を見ていきましょう。

■リセットスイッチ

「GR-ROSE」には、「リセットスイッチ/プログラム書き込み」のタクトスイッチが1個実装されています。

「GR-ROSE」では、スイッチを押した再起動後にユーザープログラム書き込みのモードで起動するファームウェアが、出荷時に書き込まれています。

作ったプログラムをUSB経由で書き込む場合は、このスイッチを押すと開発デバイス(PC)上で「GR-ROSE」ドライブが表示され、ここに作ったプログラムをコピーして書き込みます。

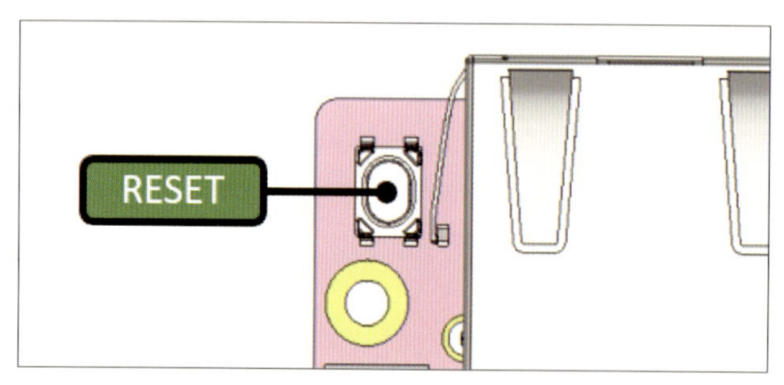

図1-2-1 リセット・スイッチ

※オリジナルなファームウェアを書き込んだ場合、このスイッチは単純な「システムリセット」の機能しかなくなるので、注意してください。

■ユーザーLED

「GR-ROSE」には。「2個(緑色/赤色)の「ユーザーLED」が実装されています。
各LEDのピン・アサインは、**図1-2-2**になります。

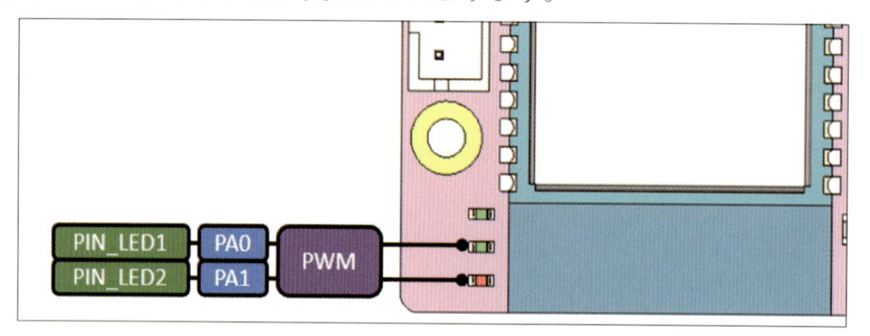

図1-2-2 「ユーザーLED」のピン・アサイン図

※「analogWrite」を使うと、「PWM制御」が可能。

■ 10/100BASE-TX Ethenet

「GR-ROSE」には、「10/100BASE-TX」に対応した「Ethernetコネクタ」(RJ45)が搭載されています。

「PHY」には、MICROCHIP社の「**LAN8720A**」を採用し「RX65N」とは「RMII」で接続されています。

「ピン・アサイン」は、**図1-2-3**になります(GR-ROSEでは使えません)。

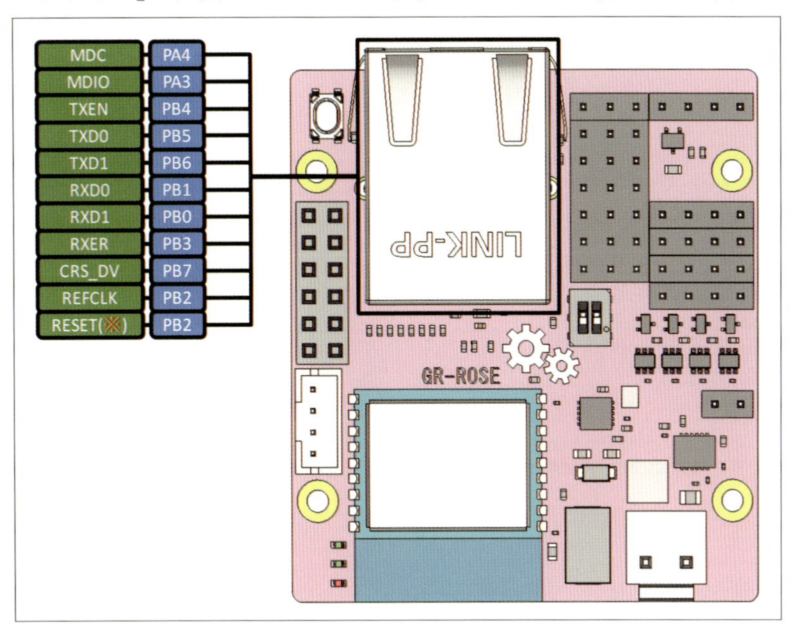

図1-2-3 「10/100BASE-TX Ethernet」に関する「ピン・アサイン」図

「EtherPHY」への「リセット信号」は、出荷状態では「システム・リセット」と共通です。

「システム・リセット」と分けている場合は、**図1-2-4**を参考に「R47」を実装し、「R48」を未実装に変更してください。

出荷状態の「R47」は未実装、「R48」は実装しています。

上記の変更をすると,「PB2ピン」が「EtherPHY」の「リセット信号ピン」になります。

PB2 0:リセット/1:リセット解除

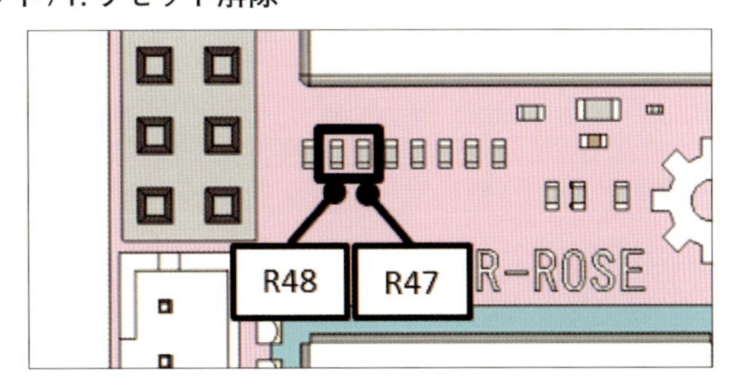

図1-2-4 「EtherPHYリセット」に関する抵抗配置図

■MicroB USBコネクタ

「GR-ROSE」には、「USB2.0コネクタ」が搭載しています。
作ったプログラムの書き込みや、PCとのシリアル通信に使えます。

また、ここから「GR-ROSE」に対して給電も可能ですが、「5V」以上の電源が必要なモータへは給電できないので、注意してください。

ただし、「5V」駆動可能なマイクロサーボモータは給電可能です。
「MicroB USB」に関するピン・アサインは、図1-2-5になります。

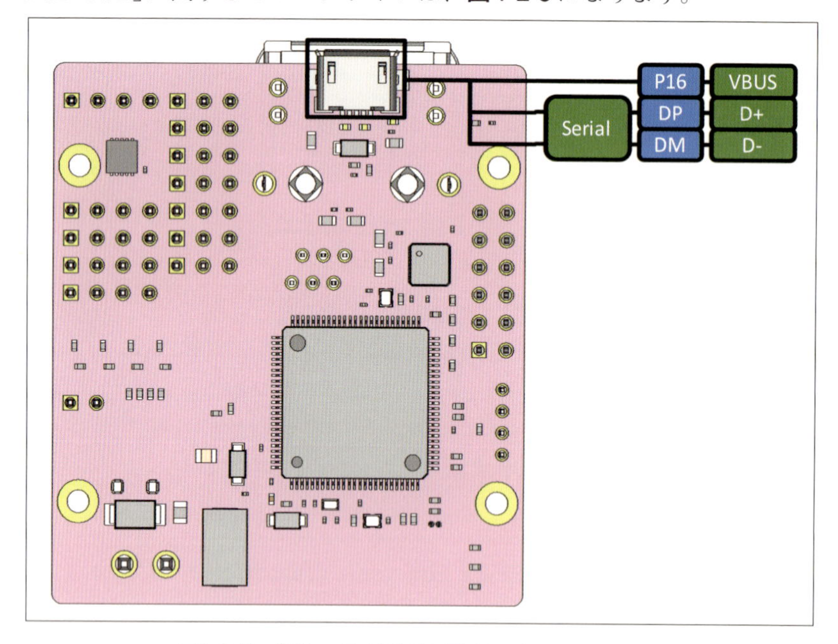

図1-2-5 「MicroB USB」に関するピン・アサイン図

※「GR-ROSE」の「MicroB USBコネクタ」は、「ファンクション専用」です。

■無線LANモジュール(ESP-WROOM-02D)

「GR-ROSE」には無線LANモジュール「ESP-WROOM-02D」が搭載されています。

対応プロトコルは、「IEEE 802.11b/g/n (2.4GHz～2.5GHz)」です。
「RX65N」とは、「2線式UART接続」になります。

「ESP-WROOM-02D」に関するピン・アサインは、図1-2-6になります。

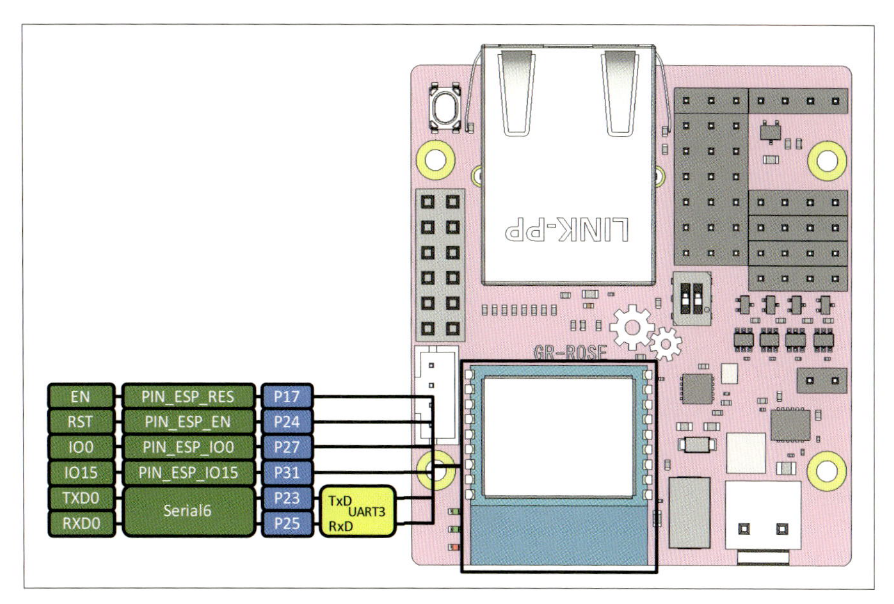

図1-2-6 「ESP-WROOM-02D」に関するピン・アサイン図

■UARTコネクタ(シリアルサーボモータ接続可能)

「GR-ROSE」には「シリアル・サーボモータ」が接続可能で、「1wire/2wire」をソフトウェアで切り替え可能な「UARTコネクタ」が4ch搭載されています。

また、スライドスイッチで、信号レベルを「3.3V/5V」の切り替えが可能です。
「UARTコネクタ」に関するピン・アサインは、**図1-2-7**になります。

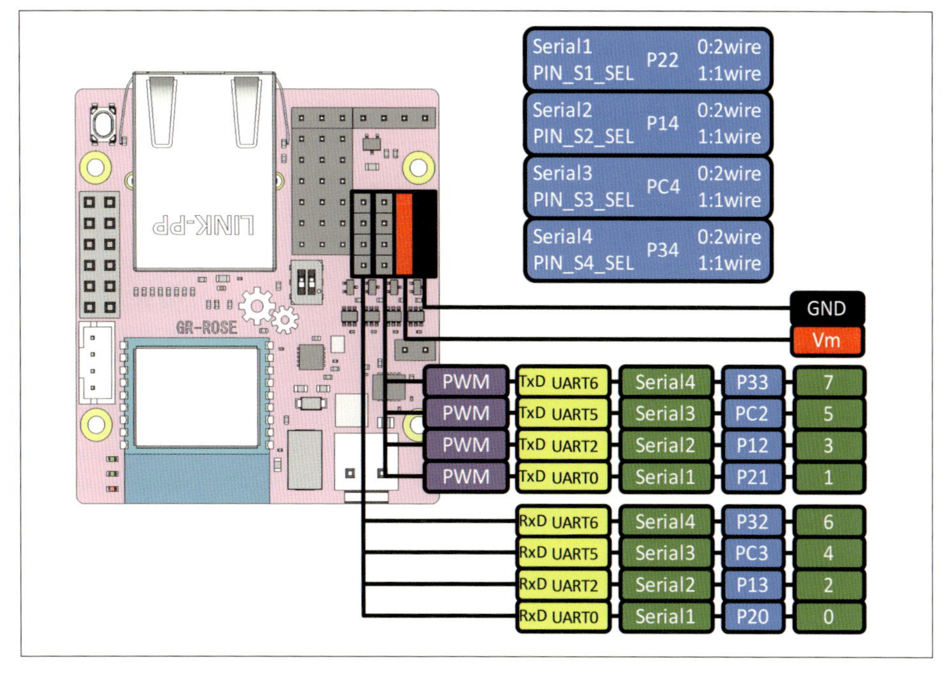

図1-2-7 「UARTコネクタ」に関するピン・アサイン図

「Vm」ピンは、モータ用の電源になります。

デイジーチェーン接続可能な「シリアル・サーボモータ」を使う場合は、1ピンあたり最大3A、 システム上合計最大5A以内で使ってください。

最大値を超えるようであれば、外部に電源を用意して使ってください。

各コネクタには、理論上32個の「シリアル・サーボモータ」をデイジーチェーン接続可能になるので、4ch使えば「32台×4ch＝最大128個」のモータを制御可能になります。

1wire/2wireの切り替え信号は下記になります。

- Serial1 P22 (PIN_S1_SEL) 0:2wire (Default) /1:1wire
- Serial2 P14 (PIN_S2_SEL) 0:2wire (Default) /1:1wire
- Serial3 PC4 (PIN_S3_SEL) 0:2wire (Default) /1:1wire
- Serial4 P34 (PIN_S4_SEL) 0:2wire (Default) /1:1wire

1wire設定で使う場合、「TxD」で出力した信号が、そのままが「RxD」に乗るので、送信したデータをそのまま受信することになります。

この場合、「読み捨て」処理が必要になるので注意してください。

図1-2-8 「信号レベル切り替え」に関するピン・アサイン図

※**図1-2-8**のスライドスイッチ右側で、信号ラインを「5V/3.3V」に切り替えが可能(出荷時は5V設定)。
「5V」で使う場合は、使う「TxD」ピンを、必ず「オープンドレイン」の設定にしてください。

■ RS-485コネクタ(シリアル・サーボモータ接続可能)

「GR-ROSE」には「シリアル・サーボモータ」が接続可能な、「半二重RS-485インターフェイス」のコネクタ、1個搭載可能です。

「RS-485コネクタ」に関するピン・アサインは、図1-2-9になります。

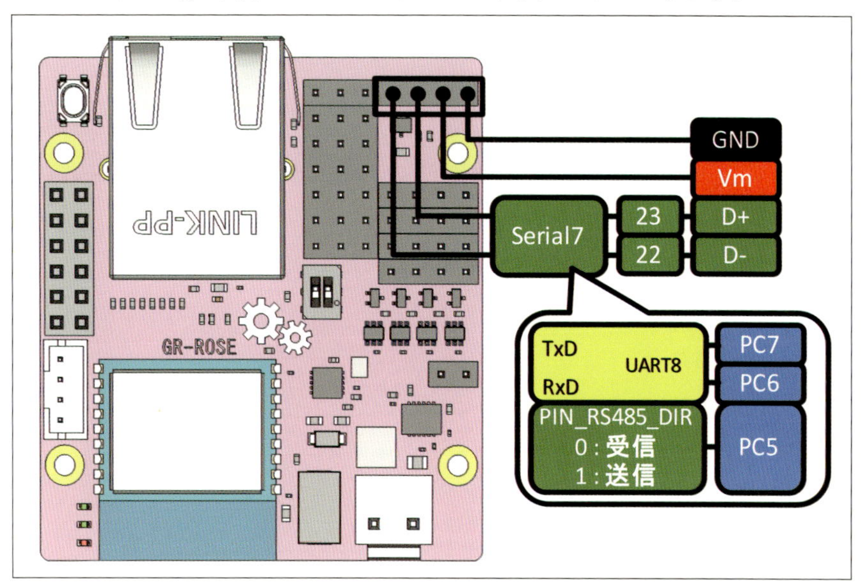

図1-2-9 「RS-485コネクタ」に関するピン・アサイン図

※コネクタは標準未実装になっているので、使う場合はコネクタを実装してから使ってください。
推奨コネクタは、廣杉計器製「PSS-410256-04」です。

Vmピンは、モータ用の電源になります。
デイジーチェーン接続が可能なモータを使う場合は、1ピンあたり最大3A、システム　上合計最大5A以内で使ってください。
最大値を超えるようであれば外部に電源を用意して使ってください。

コネクタには、理論上255個のシリアル・サーボモータをデイジーチェーン接続可能です。

※120Ωの終端抵抗は、ボード上に実装されています。

■ ADC/GPIOコネクタ

「GR-ROSE」には分解能12bit、6chの「ADC」が使えるコネクタが搭載可能で、デジタル信号「QSPI/SDHI/IRQ/インプットキャプチャ入力」としても使用可能です。
「ADC/GPIOコネクタ」に関するピン・アサインは、図1-2-10になります。

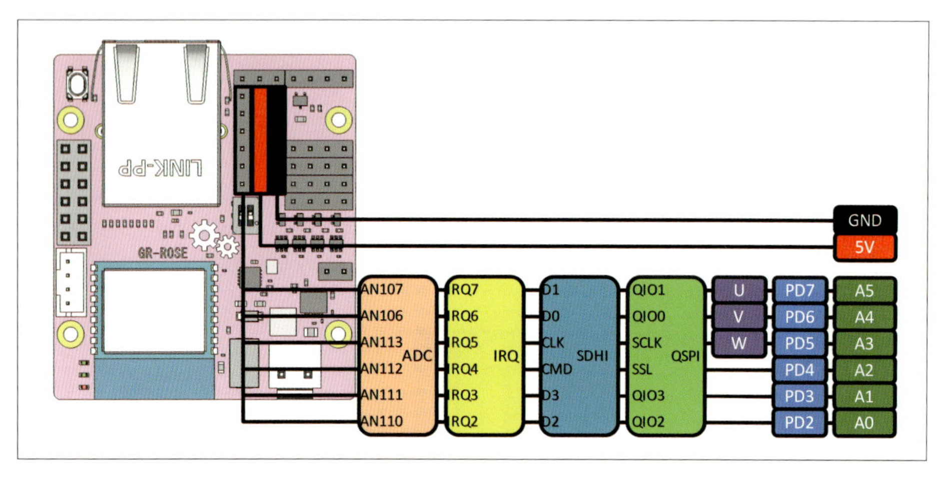

図1-2-10 「ADC/GPIOコネクタ」に関するピン・アサイン図

※コネクタは標準未実装になっているので、使う場合はコネクタを実装してから使ってください。
推奨コネクタは、廣杉計器製「PSS-430256-06」です。
「6pinピン・ヘッダ3個」または「3pinピン・ヘッダ6個」でも搭載可能です。

■ DAC/GPIOコネクタ

「GR-ROSE」には分解能12bit、1chの「DAC」が使えるコネクタが搭載可能で、デジタル信号「GPIO/IRQ」としても使用可能です。

「DAC/GPIOコネクタ」に関するピン・アサインは、**図1-2-11**になります。

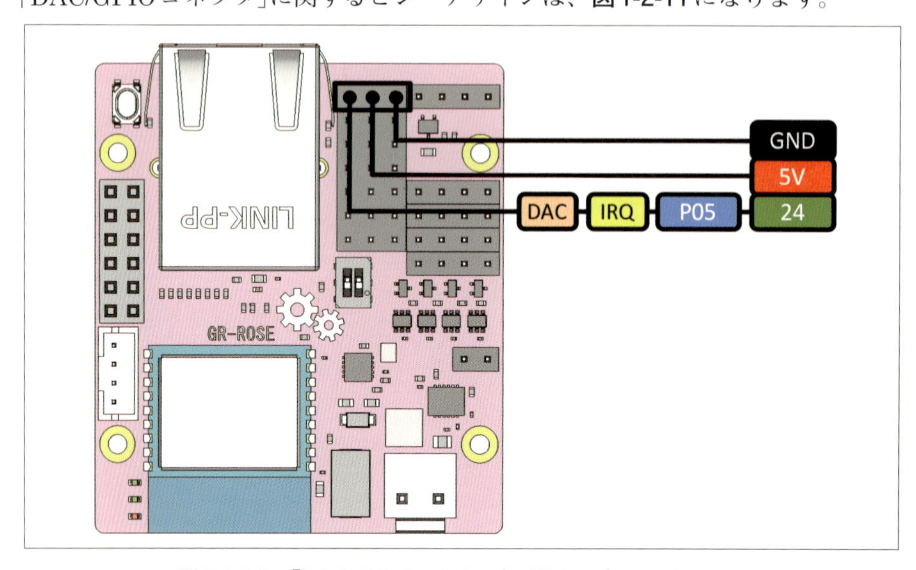

図1-2-11 「DAC/GPIOコネクタ」に関するピン・アサイン図

※コネクタは標準未実装になっているので、使う場合はコネクタを実装してから使ってください。
推奨コネクタは、廣杉計器製「PSS-410256-03」です。

■ PMOD互換コネクタ

「GR-ROSE」には、外部に「PMODモジュール」が接続できるように「PMOD互換コネクタ」が搭載可能です。

「SPI/UART/I2C/ADC/PWM/IRQ/GPIO」としても使用可能です。

「PMOD互換コネクタ」に関するピン・アサインは、**図1-2-12**になります。

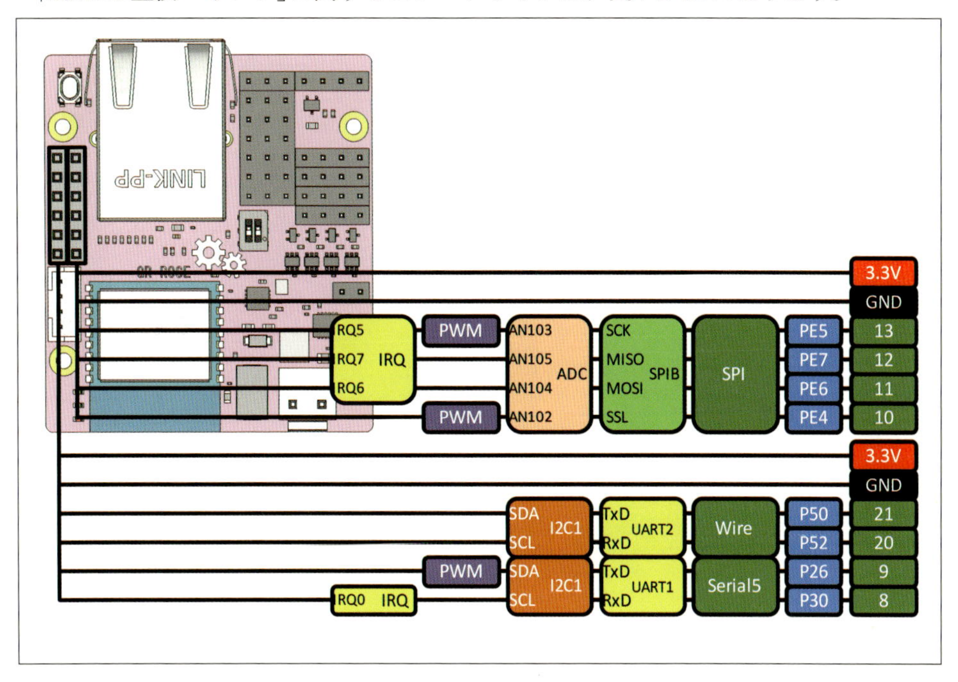

図1-2-12 「PMOD互換コネクタ」に関するピン・アサイン図

※「GR-ROSE」では、本コネクタ(ピン・ソケット)は未実装。
使う場合は「ピン・ソケット」もしくは「ピン・ヘッダ」を別途購入して実装。
推奨コネクタは、廣杉計器製「FSS-42085-06」です。

■エミュレータ接続コネクタ

「GR-ROSE」には、ルネサス エレクトロニクス社が販売している「E1エミュレータ」または「E2エミュレータ（Lite）」を接続可能なコネクタが実装可能です。

「エミュレータ接続コネクタ」のピン・アサインは、**図1-2-13**になります。

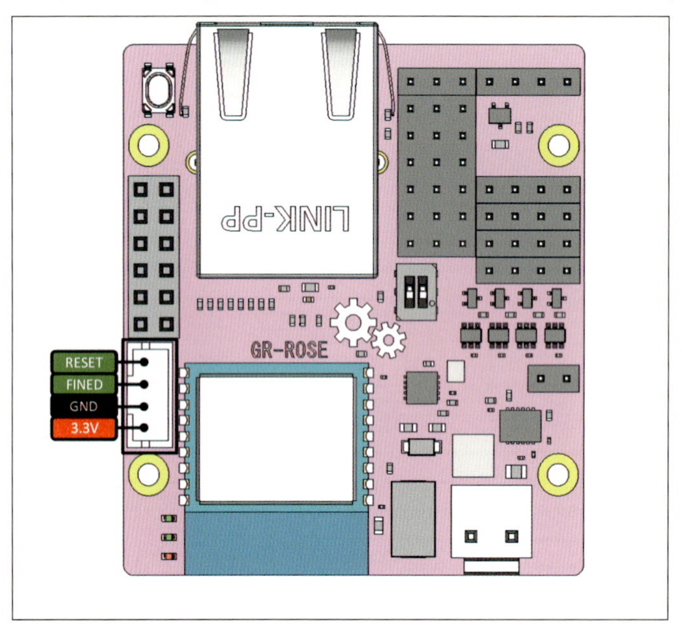

図1-2-13　「エミュレータ接続コネクタ」のピン・アサイン図

※「GR-ROSE」では、本コネクタ（ピン・ソケット）は未実装。
使い場合は別途コネクタを購入して実装してください。
実装可能コネクタは、JST製の「B4B-PH-K-S」です。

※エミュレータ標準のコネクタ/ピン・アサインではありません。
このコネクタを使う場合は、専用のケーブルを作る必要があります。
ケーブルの作成に関しては、次項を参考にしてください。

■「GR-ROSE」用E1エミュレータ接続ケーブル

ルネサス エレクトロニクス社販売の「E1エミュレータ」または「E2エミュレータ(Lite)」を使う場合は、専用ケーブルの作成が必要です。

専用ケーブルの結線図は**図1-2-14**になるので、作成時は参考にしてください。

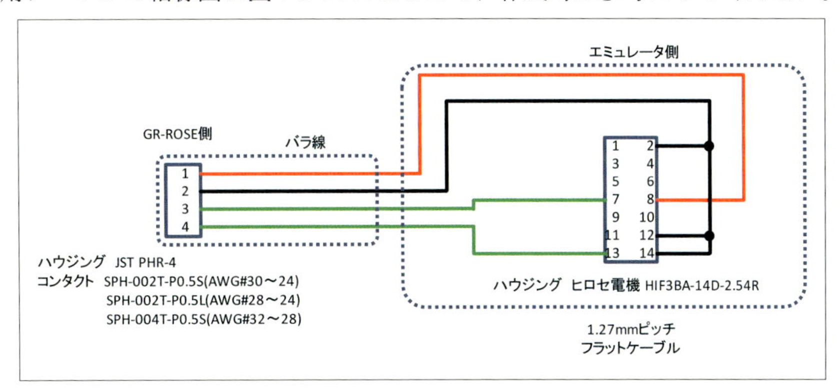

図1-2-14 エミュレータ専用ケーブル結線図

■電源コネクタ

モータを使う場合の「電源コネクタ」になります。

「電源コネクタ」のピン・アサインは、**図1-2-15**になります。
入力可能電圧は「4.5～18V/最大5A」です。

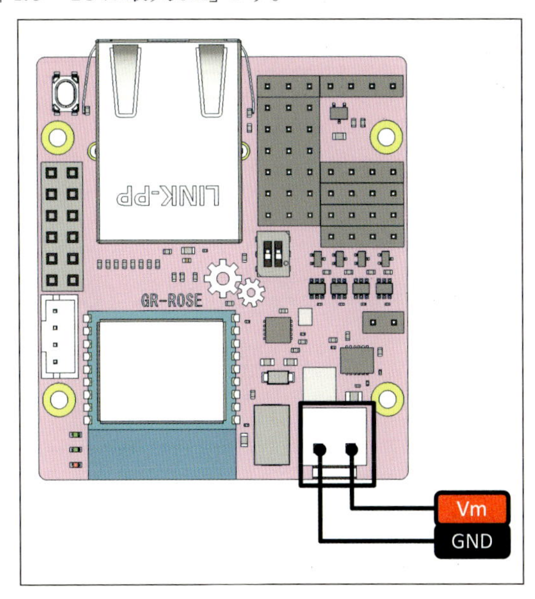

図1-2-15 「電源コネクタ」のピン・アサイン図

※「GR-ROSE」は、「電源コネクタ」と「MicroB USB」コネクタの2系統から給電可能です。
逆流防止のダイオードが入っているので、両方のコネクタから「同時給電」も可能になっています。

「電源コネクタ」には、4.5V以下の電源を入力が可能ですが、4.5V以下を入力使用する場合は、前段の「DC/DCコンバータ」が4.5V以下では動作しません。

「GR-ROSE」には、4.5V以下の電源でも動作するように、前段の「DC/DCコンバータ」をパスさせる、「ショート・ピン」が実装可能になっています。
4.5V以下で動作させる場合は、バイパス用の「ピン・ヘッダ」を実装して、「ショート・ピン」でショートしてから使ってください(**図1-2-16左図**)。

また「GR-ROSE」には、低電圧での動作では逆流防止ダイオードでの電圧降下の影響が大きいため、この電圧降下をなくすための「逆流防止ダイオード」をパスする「ショート・パッド」が用意されています。
「ショート・パッド」を「半田」や「ワイヤ」または「0Ω抵抗」などでショートしてください(**図1-2-16右図**)。
ただし、安全回路をスルーさせることになるので、使用には充分注意してください。

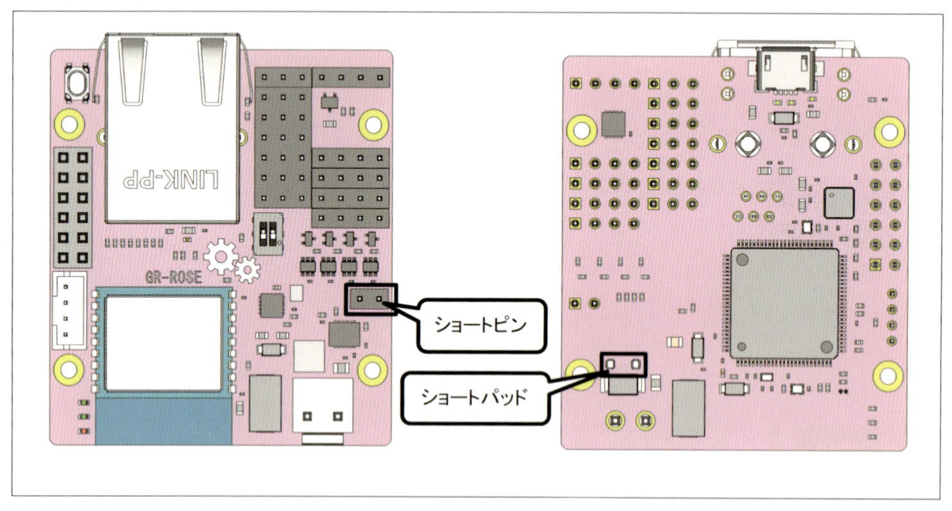

図1-2-16 ショート・ピン/ショート・パッド図

■「ブート・モード」切り替え「スライド・スイッチ」

「GR-ROSE」には、「ブート・モード」切り替えの「スライド・スイッチ」が搭載されています。

「スライド・スイッチ」は、左側(**図1-2-17**)になります。

通常の操作(「書き込んだプログラムの動作」/「作ったプログラムの書き込み」)では、上側(シルク「R」:Runモード)で使ってください。
出荷時も「R」になっています。
「RX65N」のファームウェアを書き換える場合は、下側(シルク「P」:Programモード)に切り替えて使ってください。

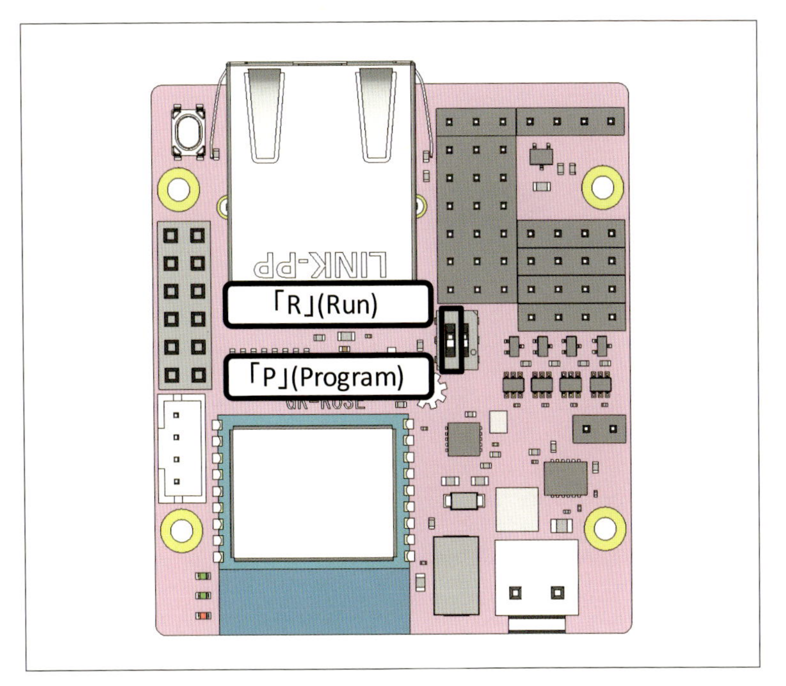

図1-2-17　「ブート・モード」切り替えスライド・スイッチ

※がじぇっとるねさすが提供する「GR-ROSE」用のファームウェアをアップデートするときや、「Renesas Flash Programmer」などを使って書き込む場合のみ、下側「P」に設定します。

「ユーザーが作ったプログラムの動作」/「書き込み」は、上側「R」での使用になるので、注意してください。

1-3　「GR-ROSE」の形状/寸法

「GR-ROSE」の形状や各部品の寸法は、**図1-3-1**になります。
「オリジナル・ケース」などを作る場合は、参考にしてください。

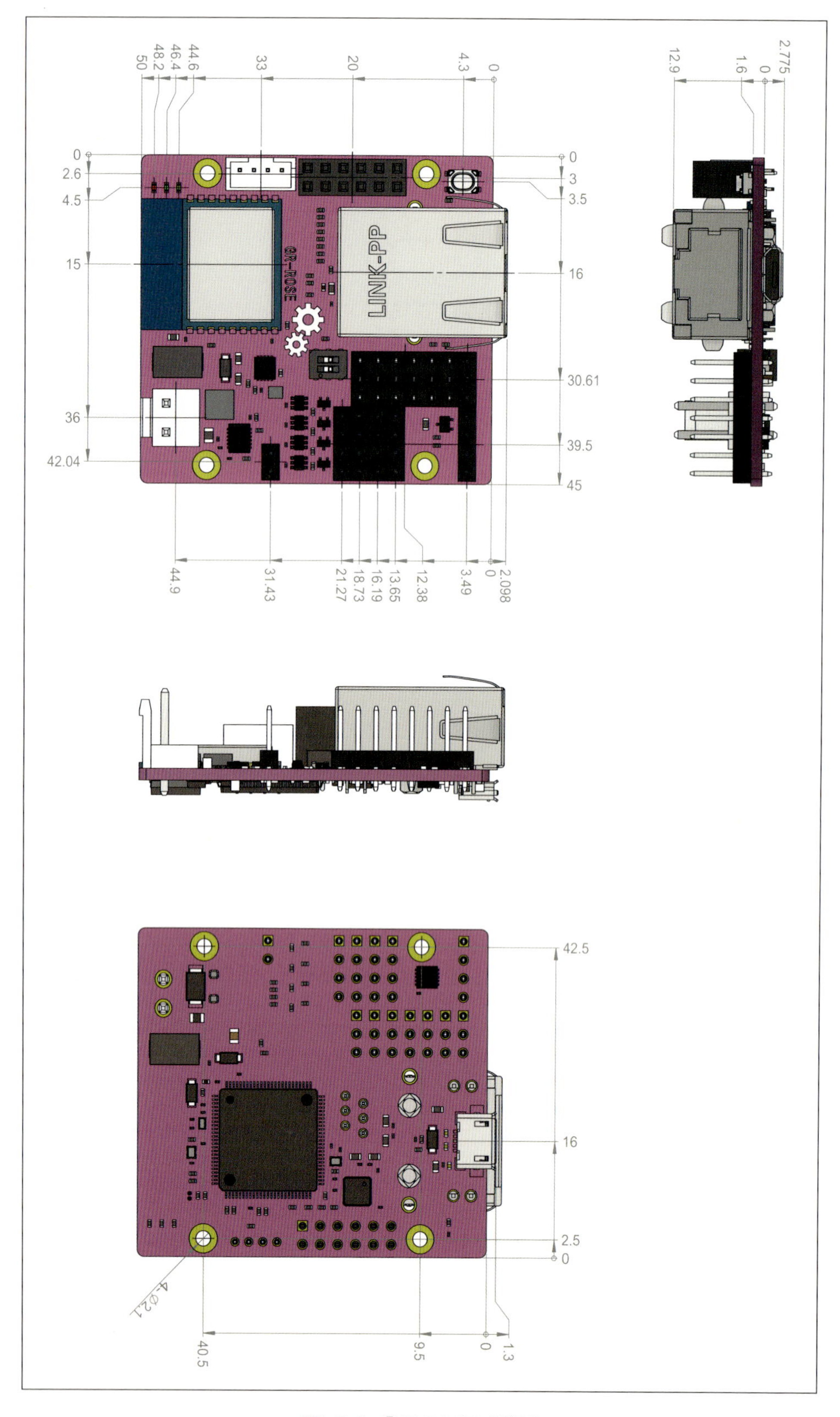

図1-3-1 「GR-ROSE寸法図」

第2章

「GR-ROSE」用のソフト開発

本章では、「GR-ROSE」を動作させる「プログラムの開発方法」を紹介します。
実際に動かしてみながら、「GR-ROSE」の基本的な機能を理解していきましょう。

2-1 動作させてみる

プログラムを開発する前に、まずは「GR-ROSE」を動作させてみましょう。
「マイコン」や「USB」など、主要な部分に故障がないかどうか確認できます。

■ 準備するもの

「Windows」や「Mac OS」がインストールされたPCの他に、「GR-ROSE」と「USBケーブル」を準備してください(図2-1-1)。
「USBケーブル」は「MicroBタイプ」で、「データ通信」ができるものにしてください。

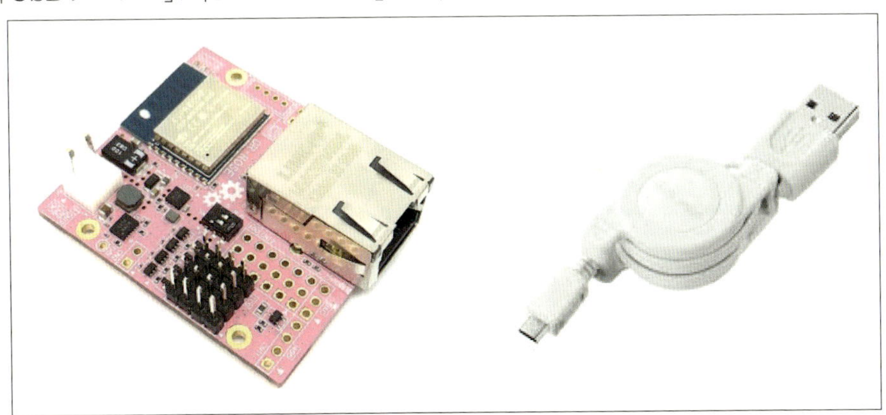

図2-1-1　動作確認に必要なもの

■ プログラムの書き込み

「GR-ROSE」と「PC」をUSBケーブルで接続し、その後、「GR-ROSE」の「リセット・ボタン」を押してください(図2-1-2)。

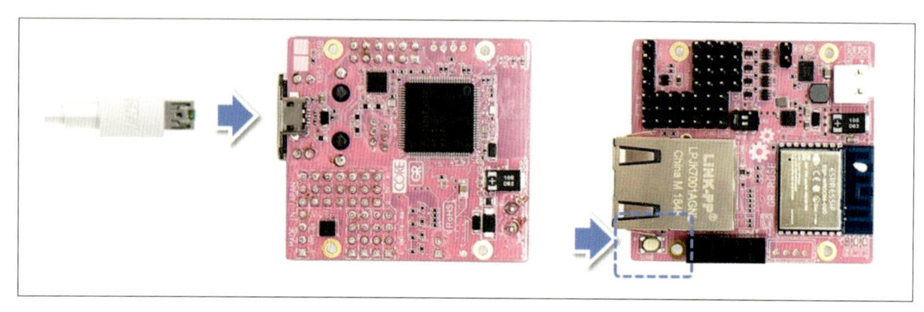

図2-1-2 「GR-ROSE」への「USB接続」と「リセット・ボタン」

「リセット・ボタン」を押すと、「GR-ROSE」が「USBストレージ」として認識されます。

認識されない場合は、「USBケーブル」がデータ通信用でないか、故障等が考えられます。

正常に認識されたら、書籍サンプルの「led.bin」をドライブにコピーしてください(図2-1-3)。

「GR-ROSE」の「LED」が光ります。

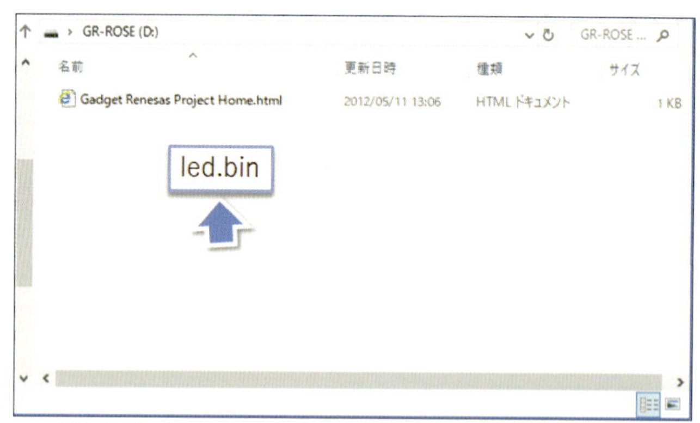

図2-1-3 「GR-ROSEドライブ」へ「binファイル」を書込み

【ポイント】

・「GR-ROSE」へのプログラム書き込みでは、「リセット・ボタン」を押す。
・「USBストレージ」になった「GR-ROSEドライブ」に、「binファイル」を書くと実行される。

なお、**第1章**で紹介のあった「E2エミュレータ(Light)」を使う場合は、この手順によるプログラム書き込みは行ないません。

附録の「E2エミュレータ(Light)の接続方法」を参照してください。

2-2 プログラムの開発環境

「GR-ROSE」のプログラム開発は、スタイルに合わせて3つのツールが用意されています。

それぞれの「特徴」や「使い方」を簡単に説明します。

①Webコンパイラ:「Webブラウザ」で開発(オンライン)
②IDE for GR:「Arduino」ライクなシンプルな「GUI」で開発(オフライン)
③e2studio:「Eclipse」をベースとした、高機能な「GUI」で開発(オフライン)

■Webコンパイラ

「Webコンパイラ」は、「Webブラウザ」でプログラムを開発するためのツールです。

PCが「オンライン」の必要はありますが、アプリケーションのインストールが不要なため、短時間でプログラム開発をスタートできます。

●「Webコンパイラ」へのログイン

「Webコンパイラ」は、「**がじぇっとるねさす**」(Gadget Renesas)のWebサイトからログインできます。

「GR-ROSE」を「USBストレージ」として認識させ「htmlファイル」を開くと、ログイン画面に行くことができます(図2-2-1)。

もちろん、Webで「**がじぇるね**」と検索しても、Webサイトにたどり着けます。

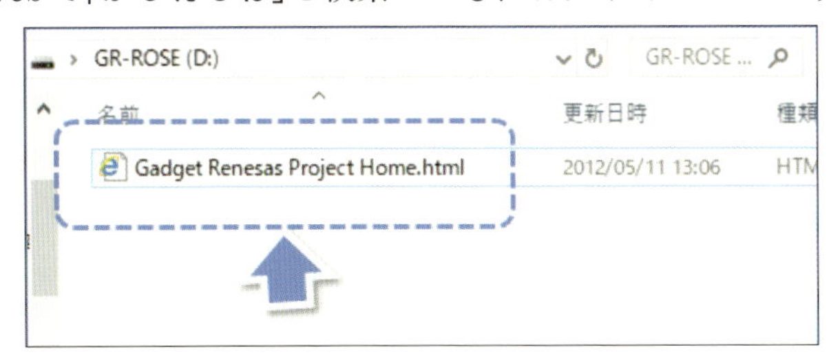

図2-2-1 「GR-ROSE」に格納されたWebサイトへのリンク(htmlファイル)

まず、「Webコンパイラ」にログインするために、「MyRenesasアカウント」が必要です。

登録していない場合は、[**新規登録**]をクリックして登録します。

※試しに使ってみたい場合は、[ゲストログイン]をクリックしてください。
ただし、「ゲストログイン」では作ったプロジェクトは保存されないので、注意してください。

登録ができたら、[ログイン]をクリックしてください。

図2-2-2 「Webコンパイラ」へのログイン

「MyRenesasアカウント情報」を入力して、[Login]を押してください。

RENESAS
MyRenesas
Enter your Email Address and password and click "Login" to access your account.
Email Address
Password
Login
• Forgot your password?
• Don't have an account yet?Register here
Main Services Provided by Your My Renesas Account
Newsletter / Update Notification
You can subscribe to receive the latest product information and notifications on new and updated documents (catalogs, datasheets, manuals...), as well as technical updates and notices about Renesas events and seminars, by e-mail. Your subscriptions can be sent to receive

図2-2-3 「ログイン情報」の入力

●プロジェクトの作成

次に、「プロジェクト」を作ります。
「プロジェクト」とは、プログラムに必要なファイルのまとまりです。

---

[1] 「Webコンパイラ」にログイン後、左ナビにある[+]ボタンを押す。
「プロジェクト・テンプレート」が表示されます。
初めてログインした場合は、テンプレートが直接表示されます。

[2] 「プロジェクト・テンプレート」の選択画面で「GR-ROSE_Sketch_V1.xx.zip」を選択。
テンプレートはたくさんあるため、フィルタに「rose」と入力すると見つけやすくなります。

[3] テンプレートを選択後、適当にプロジェクト名を付けて、[プロジェクト作成]をクリック(図2-2-4)。

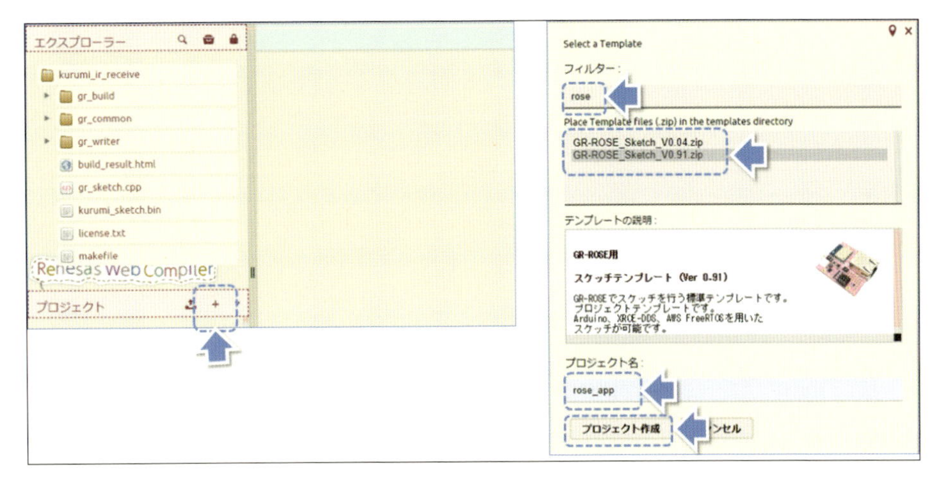

図2-2-4　「新規プロジェクト」の作成

プロジェクトを作ると、「プログラムの開発画面」に切り替わります。

[4] 左ナビのエクスプローラーにある「sketch.cpp」を「ダブル・クリック」し、プログラムを表示する(図2-2-5)。

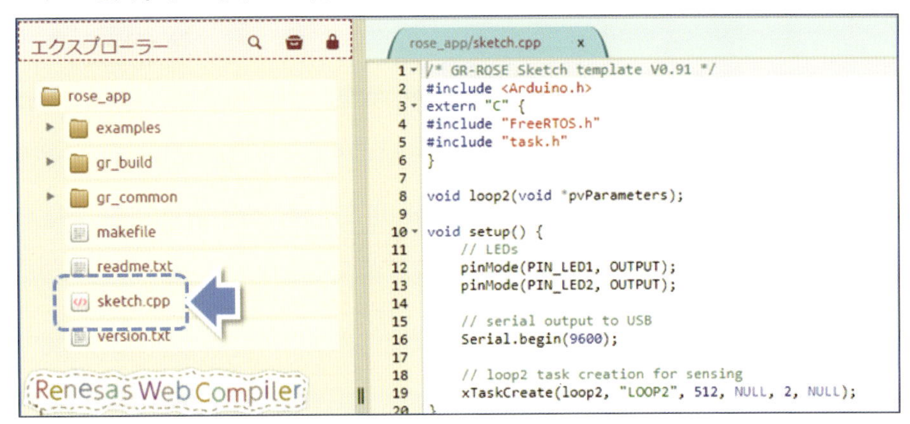

図2-2-5　「スケッチ」を開く

[5] デフォルトの「スケッチ」が用意されているので、右ナビの[ビルド実行]をクリック(図2-2-6)。

「GR-ROSE」の「LED」を光らせる「サンプル・プログラム」がビルドされます。

「**ビルド**」とは、「コンパイル」や「リンク」といった一連の作業です。

「ビルド」することで、「C++言語」で記載されたプログラムが、マイコンで実行可能な「機械語」(binファイル)になります。

```
rose_app/sketch.cpp
1  /* GR-ROSE Sketch template V0.91 */
2  #include <Arduino.h>
3  extern "C" {
4  #include "FreeRTOS.h"
5  #include "task.h"
6  }
7
8  void loop2(void *pvParameters);
9
10 void setup() {
11     // LEDs
12     pinMode(PIN_LED1, OUTPUT);
13     pinMode(PIN_LED2, OUTPUT);
14
15     // serial output to USB
16     Serial.begin(9600);
17
18     // loop2 task creation for sensing
19     xTaskCreate(loop2, "LOOP2", 512, NULL, 2, NULL);
20 }
21
```

保存
全て保存
エディタ
検索
置換
Build and Library
ライブラリ
ビルド実行
ビルド結果表示
e-AI Translator

図2-2-6 「ビルド」を実行

[6] ビルドの結果が表示される。

ビルドが成功すると、最下部に「プログラムのサイズ」と「Make process completed」が表示されます。

[閉じる]ボタンを押して、画面を閉じてください(図2-2-7)。

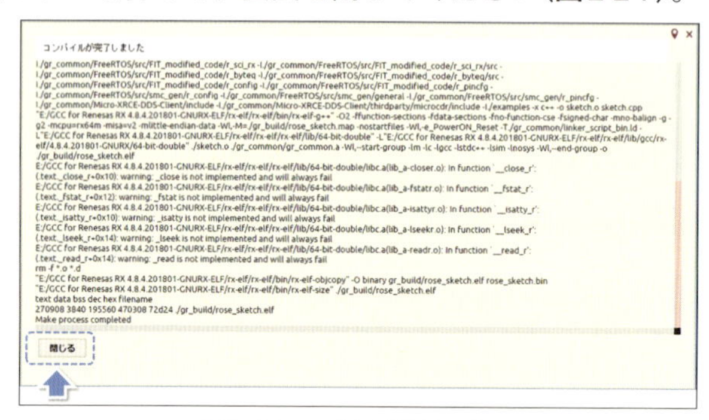

図2-2-7 ビルド結果の表示

[7] ビルドに成功すると、「rose_sketch.bin」というファイルが生成される。

このファイルを「コンテキスト・メニュー」で開き、[ダウンロード]を選択すると、「binファイル」がPC上にダウンロードされます(図2-2-8)。

この「binファイル」を**2-1節**で紹介した手順で「GR-ROSE」に書き込むと、プログラムが実行されます。

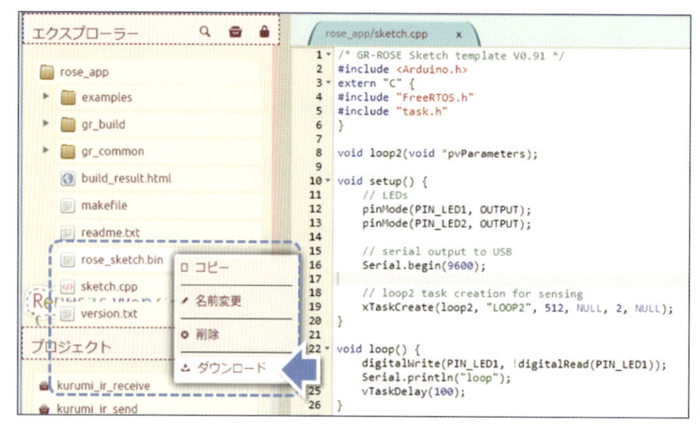

図2-2-8 「binファイル」のダウンロード

■ IDE for GR

「IDE for GR」は、「Arduino」ライクなシンプルな「GUI」でプログラムを開発するためのツールです。

アプリケーションをダウンロードする必要はありますが、「Arduino」を使い慣れた方にとっては、同じ操作感覚でプログラム開発ができます。

●「IDE for GR」のダウンロード

「IDE for GR」は、「がじぇっとるねさす」のWebサイトからダウンロードできます。

「GR-ROSE」を「USBストレージ」として認識させ、「htmlファイル」を開くと、Webサイトのトップページに行きます。

「アイテム」から、「IDE for GR」のページに行ってください。

※Web検索で「がじぇるね IDE for GR」としても、製品ページにたどり着けます。

ページにダウンロードのリンクがあるので、「V1.06」以降のバージョンをダウンロードしてください。

「Windows用」と「Mac OS用」があるので、PCに合ったものを選択しましょう。

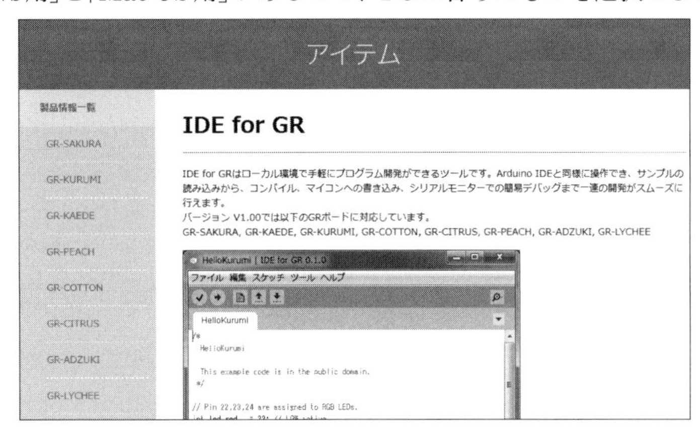

図2-2-9　「IDE for GR」のダウンロードサイト

「Windows」の場合は、「zipファイル」を解凍してください。

「Mac」の場合、「DMGファイル」を開き、アプリケーションとして登録してください。

「IDE4GR」が、アプリケーションとして「Finder」に追加されます。

●「スケッチ」の作成

[1] 「IDE for GR」を起動する。

「Windows」の場合は、解凍後のフォルダから「**ide4gr.exe**」を起動してください。
「Mac」の場合は、「**IDE4GR**」を「Finder」のアプリケーションから起動してください。

起動すると、**図2-2-10**のような画面が表示されます。

※なお、「行番号表示」や「言語設定」は、「ファイル」→「環境設定」でできます。
環境設定後は、「再起動」することで反映されます。

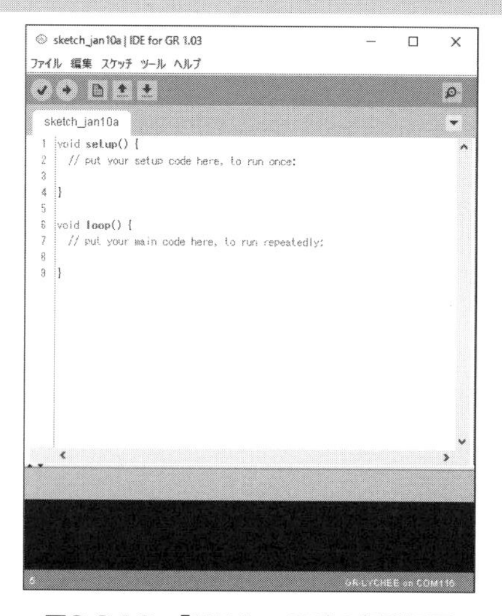

図2-2-10 「IDE for GR」の起動画面

[2] 「メニュー」から[ツール]→[マイコンボード]→[GR-ROSE]を選択(**図2-2-11**)。

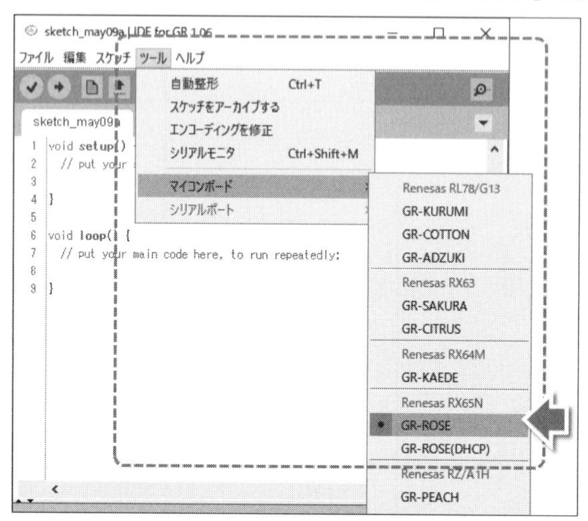

図2-2-11 「マイコンボード」の選択

※なお、「GR-ROSE(DHCP)」を選択した場合、「Ethernet」の接続では「DHCP」によるIP取得となります。
　第6章で紹介される「AWS IoT接続」ではこちらを選択しますが、それ以外の用途では選択する必要はありません。
　「DHCP」でない場合は「固定IP」になりますが、この場合の「IPアドレス」は、「Ethernetクラス」で設定します。

「マイコンボード」を選択後は、「スケッチ」(「Arduino」では、プログラムを「スケッチ」と呼びます)を作ります。

＊

試しに、「LEDを点滅させるスケッチ」を動作させてみましょう。

以下の「スケッチ」を書いてください。

書籍サンプル「2-2_led.txt」に、同様のスケッチがあります。

```
void setup() {
  // put your setup code here, to run once:
  pinMode(PIN_LED1, OUTPUT);
}

void loop() {
  // put your main code here, to run repeatedly:
  digitalWrite(PIN_LED1, LOW);
  delay(100);
  digitalWrite(PIN_LED1, HIGH);
  delay(100);
}
```

[3] 「スケッチ」を作成後は、「GR-ROSE」の「リセット・ボタン」を押して、「USBストレージ」として認識させる。

[4] [→]ボタンで「マイコンボード」に書き込むと、「スケッチ」が実行される。

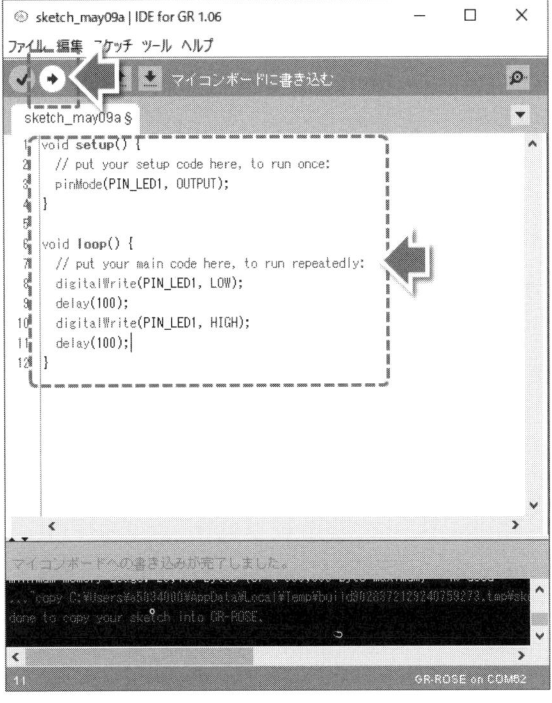

図2-2-12　「スケッチ」を「マイコンボード」へ書き込む

■ e2studio

「e2studio」は、「Eclipse」をベースとした高機能な「GUI」でプログラムを開発するためのツールです。

アプリケーションをインストールする必要はありますが、本格的に規模の大きなプログラム開発を行なうためには、必須となるツールです。

ただし、PCの「OS」は“Windows限定”となります。

●「e2studio」のインストール

「e2studio」は、**ルネサス エレクトロニクス**のWebサイトからダウンロードできます。

Web検索で「e2studio」と検索すれば、製品ページにたどり着けます。

製品ページの「ダウンロード」タグから、「インストーラ」をダウンロードし、「setup_e2_studio_xxx.exe」(「xxx」はバージョン)を実行することで、インストールできます。

インストールはウィザードに沿えば行なうことができるので、手順の記載は省きますが、コンパイラは「GCC for Renesas RX」が含まれるようにしてください。

●プロジェクトのインポート

「GR-ROSE」用にプログラム開発するためのプロジェクトが用意されています。

これをインポートすることで、すぐに開発をスタートできます。

プロジェクトは、「がじぇっと・るねさす」のWebサイトにある、「GR-ROSE」の製品ページに掲載されています。

URLは以下の通りですが、Web検索で「がじぇるね GR-ROSE」としてもたどり着けます。

http://gadget.renesas.com/ja/product/rose.html

[1] 「GR-ROSE」の製品ページから、「rose_sketch_vxxx_e2v7.zip」(「xxx」はバージョン)をダウンロードする(図2-2-13)。

ダウンロードした「zip」は、解凍する必要はありません。

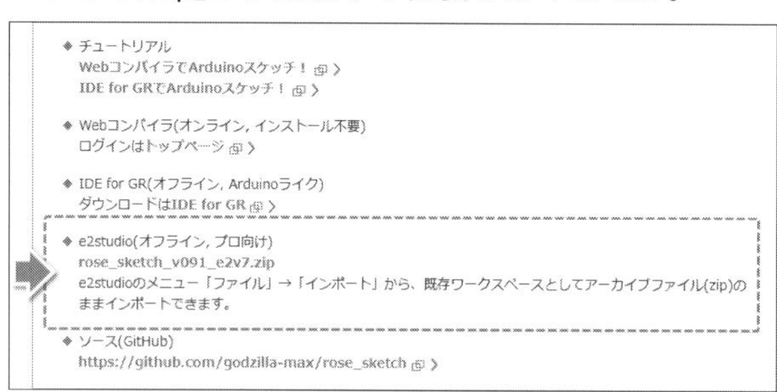

図2-2-13 「e2studioプロジェクト」のダウンロード

[2] 「e2studio」のメニューから、[ファイル]→[インポート]をクリック(図2-2-14)。

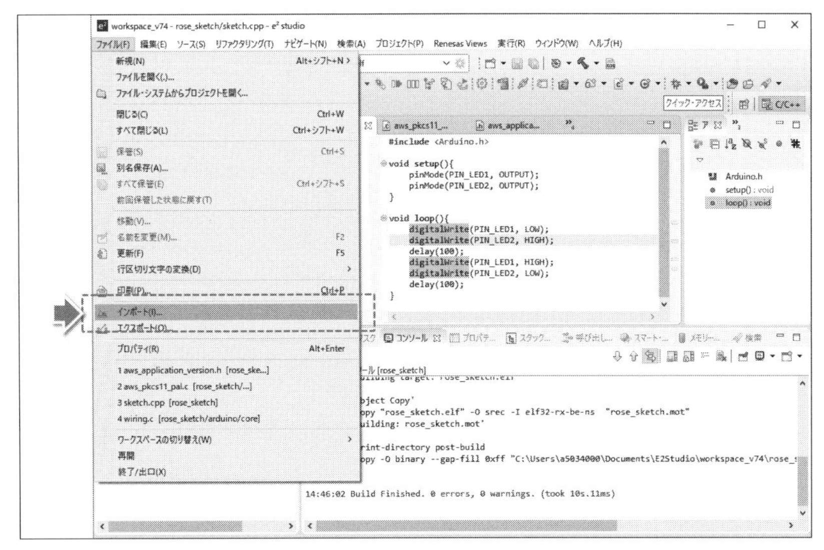

図2-2-14 「e2studio」へプロジェクトをインポート

[3] インポート画面では、「一般」カテゴリの[既存プロジェクトをワークスペースへ]をクリック(図2-2-15)。

図2-2-15 「e2studio」へプロジェクトをインポート(2)

[3] 「アーカイブ・ファイル」の選択で、ダウンロードした「zip」を指定し、[終了]ボタンを押す(図2-2-16)。

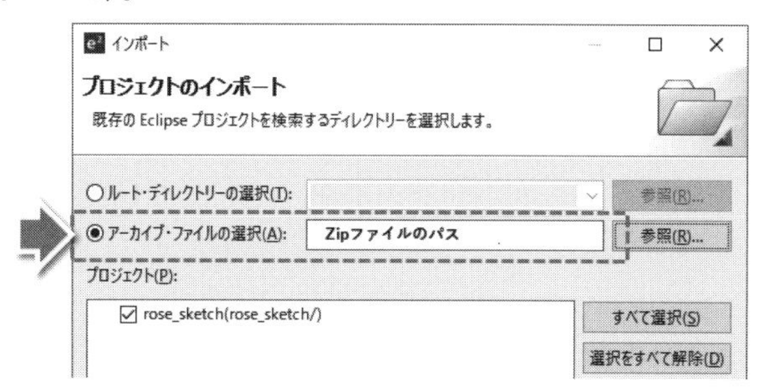

図2-2-16 「e2studio」へプロジェクトをインポート(3)

[4] 「rose_sketch」というプロジェクトが作られる。

デフォルトでは「アクティブ・プロジェクト」として、「E2エミュレータ」を使うためのビルド構成が設定されています。

プロジェクトルートの「rose_sketch」で「コンテキスト・メニュー」を表示し、[ビルド構成]→[アクティブにする]→[ReleaseBin]をクリックします(図2-2-17)。

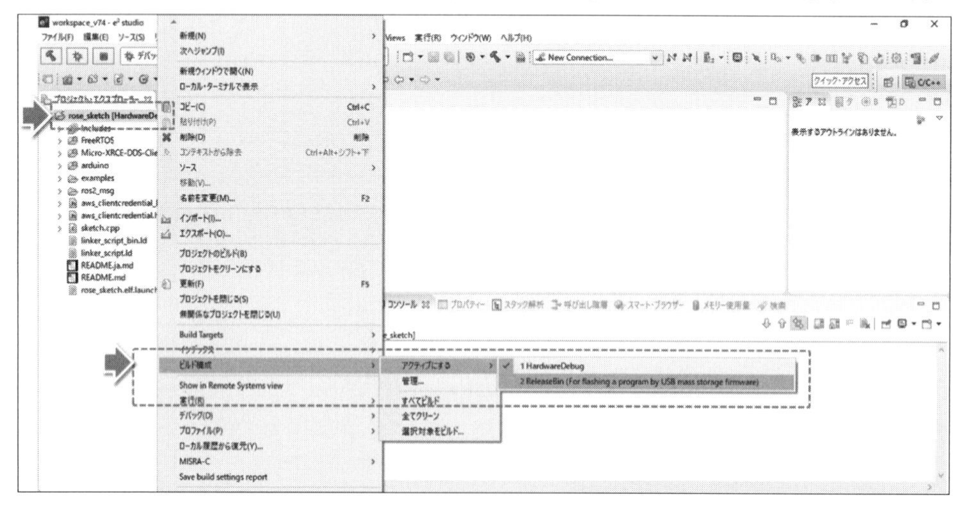

図2-2-17 「アクティブ・プロジェクト」を「ReleaseBin」に設定

これでプログラム開発の準備ができました。

プロジェクトは「Arduino」ライクな「スケッチ」ができるようになっており、「sketch.cpp」に「setup関数」と「loop関数」が定義されています。

「ビルド」を行なうと、「ReleaseBinフォルダ」に、「binファイル」が生成されるので、**2-1節**で紹介した手順の通り、「GR-ROSE」に書き込むとプログラムが実行されます。

2-3 「SDK」の構成

「GR-ROSE」は、「ロボット」や「IoT」の高速プロトタイピングを行なえるように、「SDK」(Software Development Kit)が用意されています。

「SDK」に含まれる「ソース」や「ヘッダ・ファイル」は500以上存在しますが、主要な構成は図2-3-1となっています。

「オープン・ソース」として提供されたものを、「GR-ROSE」用にローカライズして構成されています。

それぞれ、「オープン・ソース」のライセンスがあるので、製品開発に使う際は、ファイルに含まれるライセンス事項を確認するようにしてください。

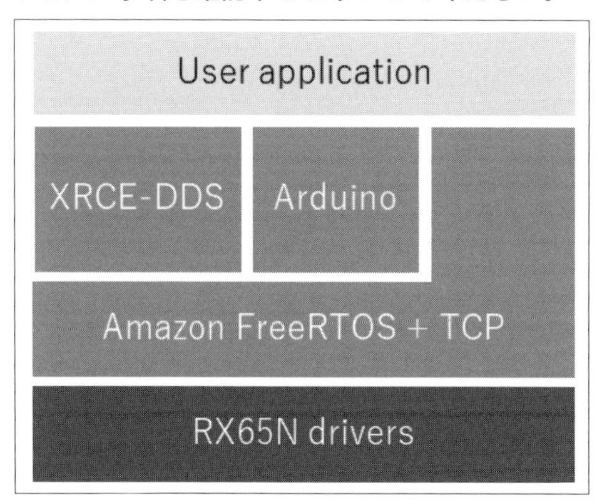

図2-3-1 「SDK」の構造

●XRCE-DDS

「ROS2アプリケーション」用の通信プロトコルです。

この解説は。第3章「ROS2でロボット制御」を参照ください。

「XRCE-DDS」は、eProsima社の以下のGitHubで公開されています。

https://github.com/eProsima/Micro-XRCE-DDS

●Arduino

「Arduino」に互換性のあるライブラリです。

「Arduino」の豊富な「サンプル・プログラム」を活用できるようになっており、「GR-ROSE」の入出力に関わる多くの機能を制御できます。

基本的な使い方は、本章の次節以降で示す他、第4章「センサの活用」、第5章「モーターを制御してみよう」で、「Arduino」の標準的な使い方から一歩踏み込んだ活用方法を紹介します。

「Arduinoライブラリ」は、以下のGitHubで公開されています。

https://github.com/arduino/Arduino

●Amazon FreeRTOS+TCP

リアルタイムOSの「Amazon FreeRTOS」、および「TCP用ライブラリ」です。
「マルチ・タスク」による「分散処理」が、簡単にできます。

この解説は、第6章「Amazon FreeRTOSでIoT」を参照してください。

「Amazon FreeRTOS」は、以下のGitHubで公開されています。

https://github.com/aws/amazon-freertos

上記を「RXマイコン」用にフォークしたものが、以下のGitHubで公開されています。

https://github.com/renesas-rx/amazon-freertos

2-4 「基本機能」のプログラム開発

本節では、「GR-ROSE」の「基本機能」について、「サンプル・プログラム」を実行しながら理解していくことを目的としています。
応用については、以降の各章を参照してください。

■GPIO(デジタルI/O)

「GR-ROSE」の「GPIO」(General Purpose input/output)は、「Arduino」の「デジタルI/O」のライブラリですべて制御できます。
「デジタルI/O」のライブラリは、ボード上の「ピン番号」を使うことが前提で、ピンマップに示される「Digital pin」の「番号」、または「名称」を使います。

*

たとえば、「ピン0」に「HIGH」(デジタル値で「1」)を書くときは、以下の通りです。

```
pinMode (0, OUTPUT) ;
digitalWrite(0, HIGH);
```

「ピン0」の値を読むときは、以下の通りです。

```
pinMode(0, INPUT);
bool data = digitalRead(0);
```

*

「ピン名称」は理解しやすいように便宜的に付加されたもので、コンパイルの際に「ピン番号」に変換されるものです。

たとえば、「LED1」に割り当てられた「ピン25」は、「PIN_LED1」として以下のようにプログラムとして書けます。

```
pinMode(PIN_LED1, OUTPUT);
digitalWrite(PIN_LED1, HIGH);
```

「pinMode」の第2引数で指定する「ピンの方向」については、以下の種類があります。

※なお、「ピン0」「2」「4」「6」については、マイコンと端子の間に「セレクタ」があり、「INPUT_PULLUP」としても、「セレクタ」の「バッファ出力」が優先されます。
たとえば、「ピン0」に何も接続しない場合は、「HIGH状態」になることが望ましいですが、不定になるので、注意してください。

・INPUT	:入力(プルアップなし)
・INPUT_PULLUP	:入力(プルアップあり)
・OUTPUT	:出力(CMOS)
・OUTPUT_OPENCDRAIN	:出力(Nチャネルオープン・ドレイン)

図2-4-1 「ピン・マップ」の表面

Main Clock : 120MHz (12MHz x 10)
Sub Clock : 32.768kHz
ROM : 2MB(*1)
RAM : 640KB
EEPROM : 32KB

*1: 960KB available when writing a binary with USB storage

D Digital pin D̃ PWM by analogWrite A Analog & Digital pin
D Programmable Pulse Generate(PPG) library can be used
Ã D/A output by analogWrite, specified 0 to 0xFFF(3.3V).
F Communication pin External Interrupt pin
Vm 4.5V to 18V power supply for motors.
V Supply voltage at described value G GND pin

Notes: In case of using motors 3V range, set SW1 to V3 and short CN2.
Then Vm and 5 in red can be supplied from external like LiPo.

図2-4-2 「ピン・マップ」の裏面と、各ピンの機能説明

＊

「ピン番号」と「ピン名称」および「兼用機能」を、以下に示します。

ピン番号	ピン名称	兼用機能	ピン番号	ピン名称	兼用機能
0	-	Serial1	19	A5	ADC
1	-	Serial1	20	SCL	Wire
2	-	Serial2	21	SDA	Wire
3	-	Serial2	22	PIN_RS485_RX	Serial7
4	-	Serial3	23	PIN_RS485_TX	Serial7
5	-	Serial3	24	PIN_DAC	DAC
6	-	Serial4	25	PIN_LED1	
7	-	Serial4	26	PIN_LED2	
8	-	Serial5	27	PIN_ESP_IO0	
9	-	Serial5	28	PIN_ESP_EN	
10	SS/A6	SPI/ADC	29	PIN_ESP_IO15	
11	MOSI/A7	SPI/ADC	30	PIN_ESP_RX	Serial6
12	MISO/A8	SPI/ADC	31	PIN_ESP_TX	Serial6
13	SCK/A9	SPI/ADC	32	PIN_ESP_RES	
14	A0	ADC	33	PIN_S1_SEL	
15	A1	ADC	34	PIN_S2_SEL	
16	A2	ADC	35	PIN_S3_SEL	
17	A3	ADC	36	PIN_S4_SEL	
18	A4	ADC	37	PIN_RS485_DIR	

■アナログI/O

「Arduino」では、**「analogRead」**や**「analogWrite」**で記載するものが、**「アナログI/O」**です。

「GR-ROSE」での**「analogRead」**は、「ピン名A0～A9」に入力される「0V～3.3V」の電圧(アナログ値)を、12ビットのデジタル値「0～4095」(0xFFF)に変換します。

「Arduino」では、「0V～5.0V」を、10ビットの「0～1023」(0x3FF)に変換するため、より分解能の高い「A/D変換」ができます。

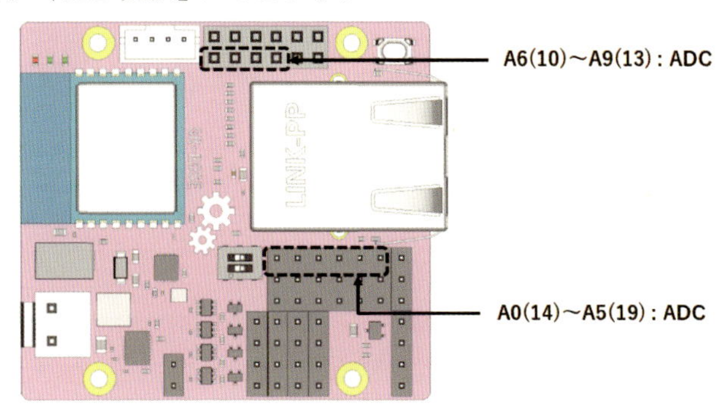

図2-4-3　A0～A9ピン(「A/D変換」に使うピン)

以下のプログラムでは、「value」に「A0」のA/D変換結果が代入されます。

```
int value = analogRead(A0);
```

＊

次に、**「analogWrite」**は「Arduino」と同様に、490Hzの「PWM信号」が出力されます。
これは、純粋な「アナログ出力」ではありません。

「GR-ROSE」では、すべてのピンで「analogWrite」が可能ですが、ピンマップで「～」のついた「ピン3」「7」「9」「10」「13」以外は、CPUがピンの「HIGH/LOW」を「割り込み処理」で切り替えます。

このため、これらのピン以外で「analogWrite」を扱う場合は、CPUの処理が重くなる可能性があるので、注意してください。

＊

以下のプログラムでは、「ピン3」から「デューティ(128/255)*100≒50[%]」の「PWM波形」を出力します。
第2引数は、「0～255」で、最大値「255」を指定すると、「デューティ100%」に、最小値「0」では「デューティ0%」になります。

```
analogWrite(3, 128);
```

＊

なお、「ピン3」「7」「9」「10」「13」は、「PWM」の「周波数」を変更できます。

以下のプログラムでは、「周波数」がデフォルトの「490Hz」から「38kHz」になります。
たとえばこれによって、テレビ用の「赤外線リモコン」に使う「キャリア波形」を作ることもできます。

```
analogWriteFrequency(38000);
analogWrite(3, 128);
```

「ピン24」は特別で、純粋に「D/A変換」を行ない、「デジタル値」をアナログ値の「0〜3.3V」として出力できます。
「分解能」は12ビットのため、以下のようにプログラムを書くことで、「ピン24」から「3.3V」の半分である、「1.65V」が出力されます。

```
analogWriteDAC(24, 2048);
```

■シリアル通信

「シリアル通信」は、「HardwareSerial class」から生成した、以下の8つの「Serialオブジェクト」を使います。
これを使うことによって、「シリアル・モニタ」による「変数の可視化」や、「デジタル・サーボの制御」「無線モジュールの制御」など多くの用途に使える機能です。

- Serial :「USB」を使った送受信
- Serial1 : ピン0 (RX)、1 (TX) を使ったUART送受信、「ピン1」だけで「半二重通信」も可能
- Serial2 : ピン2 (RX)、3 (TX) を使ったUART送受信、「ピン3」だけで「半二重通信」も可能
- Serial3 : ピン4 (RX)、5 (TX) を使ったUART送受信、「ピン5」だけで「半二重通信」も可能
- Serial4 : ピン6 (RX)、7 (TX) を使ったUART送受信、「ピン7」だけで「半二重通信」も可能
- Serial5 : ピン8 (RX)、9 (TX) を使ったUART送受信
- Serial6 : 無線モジュール「ESP8266」とのUART通信
- Serial7 : ピン22 (D-)、23 (D+) を使った「RS-485」による通信

●「Serial」を使ったUSB通信

「GR-ROSE」の「USB」は、ここまでプログラム書き込みに使ってきました。
しかし、プログラム書込み後は「USB CDC」(Communications Device Class)によって、「PC」との通信ができます。

以下のプログラムは“Hello”を1秒ごとに出力するプログラムです。

```
void setup() {
      Serial.begin(9600);
}

void loop() {
      Serial.println("Hello");
      delay(1000);
}
```

プログラムを実行すると、以下のように「Hello」が1秒毎に「シリアル・モニタ」に出力されます。

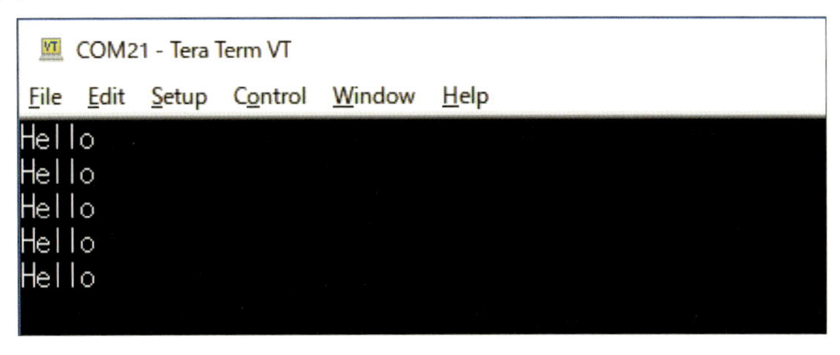

図2-4-4　「シリアル・モニタ」の結果

●「Serial1」～「Serial5」による「UART通信」

「Serial1」～「Serial5」は、「UART通信」に使えます。

「Serial5」は、単純に「送信」(TX)と「受信」(RX)がマイコンに接続されています。
「Serial1」～「Serial4」には、1線で「送受信」を行なえるようにするための「セレクタ」が入っています。

これによって、**近藤科学社**の「ICSサーボ」など、「シリアル・サーボ」の制御ができます。

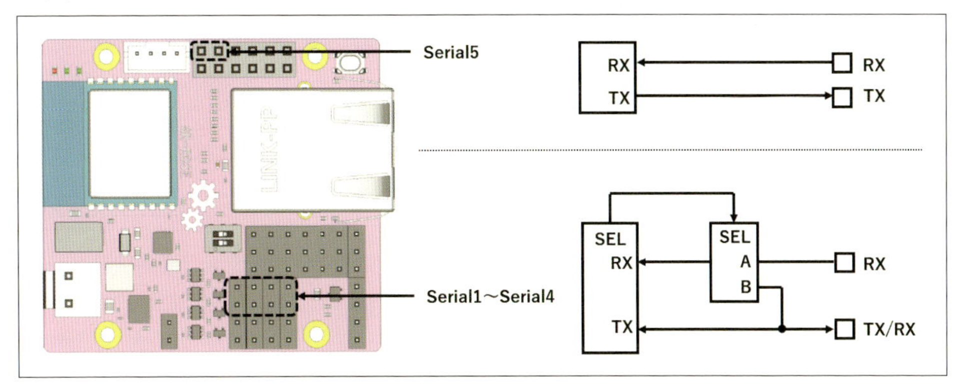

図2-4-5　「Serial1」～「Serial5」

＊

「1線送受信」について、スケッチ例をもとに説明します。

「1線送受信」にしたとき、マイコンからの「送信データ」は、折り返して受信することになります。

これを利用して、「シリアル・モニタ」で入力された「キー」を、「Serial1」を経由し、再び「シリアル・モニタ」に出力するスケッチを次に示します。

```
void setup() {
	Serial.begin(9600);
	Serial1.begin(9600);
	Serial1.direction(HALFDUPLEX);
}

void loop() {
	if(Serial.available()){
		Serial1.write(Serial.read());
	}
	if(Serial1.available()){
		Serial.write(Serial1.read());
	}
}
```

＊

以下は、「シリアル・モニタ」で「ローカル・エコー」を「ON」(入力したキーを表示)にして、「abcdefghi」と入力した状態です。

"2文字ずつ"出力されていることが分かります。

スケッチ例に含まれる「Serial1.direction」(HALFDUPULEX)を実行することで、「Serial1」を「1線送受信」にしています。

```
COM21 - Tera Term VT
File  Edit  Setup  Control  Window  Help
aabbccddeeffgghhii
```

図2-4-6 「1線送受信」のスケッチ例、「エコー・バック」

「GR-ROSE」の「SDK」には、**近藤科学社**の「ICS通信規格」に沿った「**ICSライブラリ**」が含まれています。

本ライブラリは、**西村備山氏**の「GitHubリポジトリ」からフォークしたものです。

https://github.com/lipoyang/ICSlib

「ICSライブラリ」を使うと、「ICS」の「コマンド」や、「Serial」の制御を意識することなく、簡単に「シリアル・サーボ」の制御ができます。

図2-4-7は、「ID0」「ID1」の2個の「シリアル・サーボ」を「Serial1」に接続し、「6V」の電源を供給して動作する例です。

図2-4-7　近藤科学社「KRSサーボ」と電源の接続図

＊

以下は、「シリアル・サーボ」を回転しながら、「シリアル・モニタ」で位置を表示するスケッチ例です。

```
#include <Arduino.h>
#include <ICS.h>

IcsController ICS(Serial1);
IcsServo servo1;
IcsServo servo2;

void setup() {
  Serial.begin(115200); // for serial monitor

  ICS.begin();
  servo1.attach(ICS, 0x00);
  servo2.attach(ICS, 0x01);

  servo1.setPosition(7500-4000);
  servo2.setPosition(7500+4000);

  delay(1000);
}

void loop() {

  for(int position=-4000; position<=4000; position+=100){
    Serial.print(position); Serial.print("¥t");
    Serial.print(servo1.setPosition(7500+position)); Serial.print("¥t");
    Serial.print(servo2.setPosition(7500-position)); Serial.print("¥n");
    delay(20);
```

```
  }
  for(int position=-4000; position<=4000; position+=100){
    Serial.print(position); Serial.print("¥t");
    Serial.print(servo1.setPosition(7500-position)); Serial.print("¥t");
    Serial.print(servo2.setPosition(7500+position)); Serial.print("¥n");
    delay(20);
  }
}
```

●「Serial6」による無線通信

「Serial6」は、「Wi-Fi無線モジュール」の「ESP8266」の制御に使えます。

基本的に、「ATコマンド」で制御します。

「UART通信」用に「TX」と「RX」が接続されているほか、前記の「ピン・リスト」に示す通り、「IO0」「IO15」「EN」「RES信号」が接続されています。

これらを使い「書き込みモード」にして、「ESP8266」のファームウェアを更新できます。

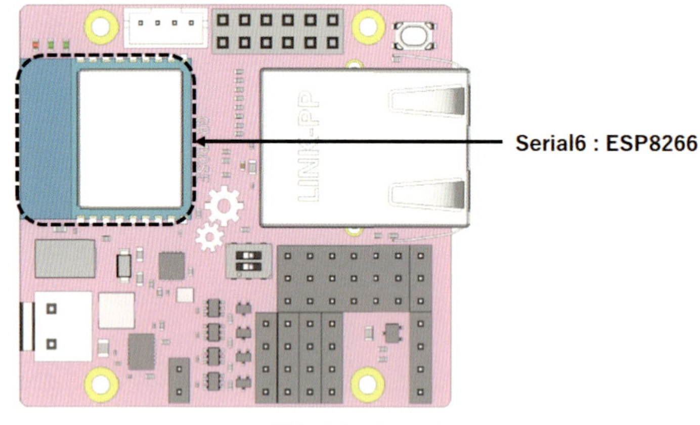

図2-4-8 Serial6

＊

「ATコマンド」で通信は可能ですが、「SDK」には「WiFiESPライブラリ」が含まれているため、これを使ったスケッチ例を示します。

本スケッチ例は、「IDE for GR」のスケッチ例から読み込むこともできます。

```
#include <Arduino.h>
#include "WiFiEsp.h"
char ssid[] = "Twim";            // your network SSID (name)
char pass[] = "12345678";        // your network password
int status = WL_IDLE_STATUS;     // the Wifi radio's status

char server[] = "arduino.cc";
WiFiEspClient client;
```

```
void setup()
{
  Serial.begin(115200);
  Serial6.begin(115200);
  WiFi.init(&Serial6);

  if (WiFi.status() == WL_NO_SHIELD) {
    Serial.println("WiFi shield not present");
    while (true);
  }

  while ( status != WL_CONNECTED) {
    Serial.print("Attempting to connect to WPA SSID: ");
    Serial.println(ssid);
    status = WiFi.begin(ssid, pass);
  }

  Serial.println("You're connected to the network");
  Serial.println();
  Serial.println("Starting connection to server...");
  if (client.connect(server, 80)) {
    Serial.println("Connected to server");
    client.println("GET /asciilogo.txt HTTP/1.1");
    client.println("Host: arduino.cc");
    client.println("Connection: close");
    client.println();
  }
  while(!client.available()); // wait for 1st response from server

}

void loop()
{
  while (client.available()) {
    char c = client.read();
    Serial.write(c);
  }

  if (!client.connected()) {
    Serial.println();
    Serial.println("Disconnecting from server...");
    client.stop();

    while (true);
  }
}
```

スケッチを実行すると、「arduino.cc」にクライアントとして接続し、「HTTP GET」を実行することで、「Arduino」のロゴのテキストアートが表示されます。

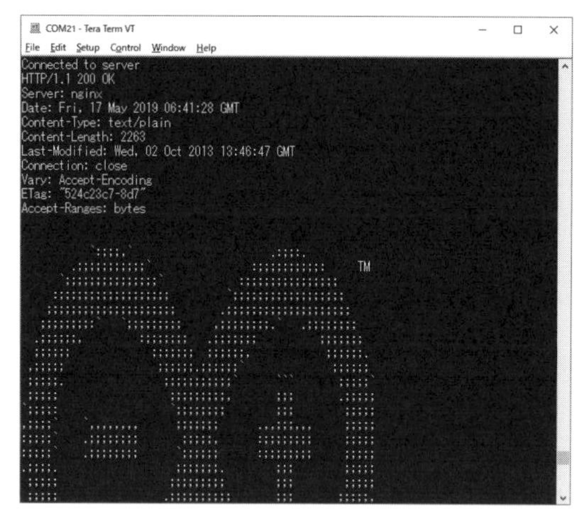

図2-4-9 「WiFiEspライブラリ」の「WebClientサンプル」実行例

●「Serial7」による「RS-485通信」

「Serial7」は、「RS-485通信」が可能です。

「RS-485」は「差動信号」のためノイズに強く、規格上は1km程度の距離まで配線を伸ばすことができ、最大32デバイスの「マルチ・ドロップ」もできます。

このため、産業ネットワークの「物理層」としても多く使われている他、近藤科学社の「B3Mシリーズ」の「シリアル・サーボ」などでも使われています。

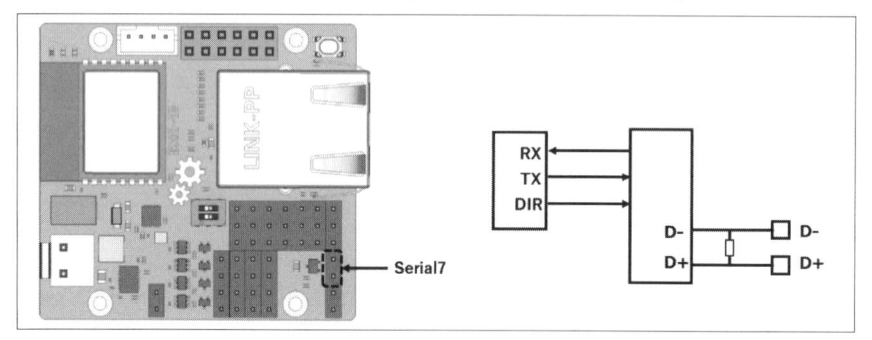

図2-4-10 Serial7

「RS-485」は「D+」と「D-」の「差動信号」による通信です。

しかし、「1ポート」のため、「送信」と「受信」は切り替えながら使います。

＊

以下は、「送信」と「受信」のスケッチ例です。

「Serial7.direction ()」で、「送信」と「受信」を切り替えることができます。

```
Serial7.begin(1500000); //1.5Mbps
```

```
Serial7.direction(OUTPUT);
Serial7.write(0x55);

Serial7.direction(INPUT);
if(Serial7.available()){
    char c = Serial7.read();
}
```

●その他の「通信インターフェイス」(I2C、SPI、Ethernet)

その他の「通信インターフェイス」の概要を紹介します。

「I2C」は、「クロック」(「SCL」または「CL」)、「データ」(「SDA」または「DA」)の2線で、複数のデバイスと通信できるインターフェイスです。

「Arduino」では「Wireライブラリ」として使います。

「Wire」の通信速度は「100kHz～400kHz」と比較的低速なため、「センサ」や「キャラクタLCD」などに使われています。

使用例については、**第4章「ロボットに「感覚」を与えてみよう」**を参照してください。

＊

「SPI」は「クロック」(SCK)、「入出力」(MISO、MOSI)の3線で通信を行ない、「スレーブ・セレクト」(SS)で複数のデバイスを切り替えて通信するインターフェイスです。

「CMOS入出力」による「クロック同期通信」のため、通信速度は「30MHz」程度まで上げることができます。

また、「SDカード」に接続して「音声データ」を読み込むことや、「通信データ」を書き込む用途にも使えます。使用例は本書では割愛します。

＊

「Ethernet」は、「ROS2」用の「XRCE-DDS通信」や、「AWS IoT接続」用にセキュアで高速な通信を行なうためのインターフェイスです。

「ROS2」については**第3章**、「AWS IoT接続」については**第6章**を参照してください。

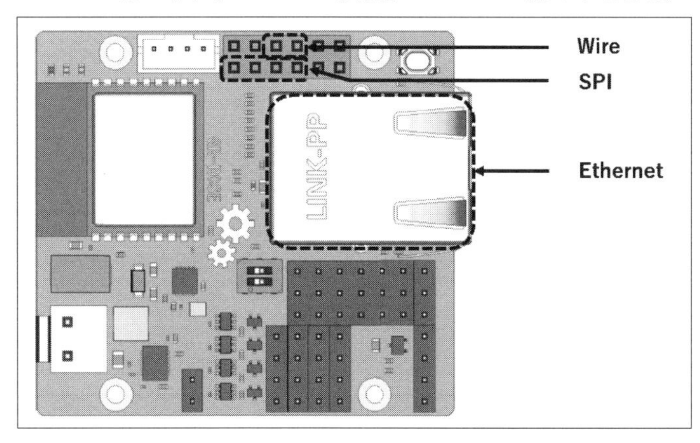

図2-4-11　通信インターフェイスの概略図

第3章

「ROS2」でロボット制御

この章では、「ROS」と「ROS2」の概要について紹介した後、「PC」と「GR-ROSE」の間で、「ROS2」の基本的な「メッセージ通信」を確認します。
最後に、「GR-ROSE」にモータを接続して、「ROS2」からモータを制御してみます。

3-1 「ROS」と「ROS2」の概要

「GR-ROSE」には、ロボット用フレームワーク「ROS2」との通信機能が実装されています。

「ROS2」は、ロボット開発の分野で普及している「ROS」(Robot Operating System)の新しいバージョンです。
「ROS」や「ROS2」を使うことで、ロボットのソフトウェアを効率的に開発できます。

■ ROSとは

「ROS」はロボット用のフレームワークです。
もともと、スタンフォード大学の研究プロジェクトから開発がはじまり、その後、アメリカの民間企業Willow Garage(ウィロー・ガレージ)に開発が引き継がれ、現在は「Open Robotics」(オープン・ロボティクス)によって管理されています。

「ROS」はオープンソース(OSS)で提供されており、世界中の開発者によって開発が進められています。
1年に1回のペースでアップデートされ、2019年4月時点の最新バージョンは、「ROS Melodic Morenia」です。

＊

「ROS」の特徴としては、以下が挙げられます。

・さまざまな機能を接続するための「通信機能」を提供している。
・「デバッグ」や「ロギング」「可視化」のためのさまざまなツールを提供している。
・さまざまなソフト(パッケージ)やライブラリが、配布、公開され、使うことができる。
・開発コミュニティが活発である。

「ROS」はこの特徴を活かし、近年は研究用のロボットだけでなく、「ドローン」や「自動運転車」「産業用ロボット」など、さまざまな分野に用途を広げています。

※「ROS」という名称には、「Operating System」という文言を含んでいますが、組み込み開発者が想像する通常のOSとは、少し範囲が異なります。
一般的に、「ROS」はLinux系OSの上で動作することを前提としており、ロボット用のアプリケーションを構築するための、「ミドルウェア」「ライブラリ」「ツール」を含みます。
「ROS」の詳細については、以下のURLを参照してください。

http://www.ros.org/

■ROSの通信

「ROS」は、ロボットを構成するさまざまな機能(プログラム)を接続するための通信機能を提供します。

＊

代表的なものは、「**トピック通信**」と呼ばれる、「Publish/Subscribe型」の「非同期式」通信です。

この通信では、データの「送信者」(Publisher)と「受信者」(Subscriber)は、「データに付けられた名称」と「データの構造」を頼りに通信をします。
そのため、プログラム同士の依存度が低くなり、各機能を、個別に「設計」「実装」「実行」できるのです。
また、プログラムの「再利用性」が高まり、「デバッグ」も容易になります。

＊

「トピック通信」の他には、「**サービス通信**」と呼ばれる、「リクエスト」と「レスポンス」によって構成される「同期式」の通信や、「パラメータ・サーバ」と呼ばれる、「設定値などのデータ」を蓄積する機能も用意されています。

※「送信者」(Publisher)と「受信者」(Subscriber)の間でやり取りするデータを、「メッセージ」と呼びます。
「ROS」では、「機能」の単位は「ノード」と呼ばれ、Linux上では、通常「1ノード」が「1プロセス」に対応します。

■「ROS2」とは

近年、「ROS」の利用範囲が広がる中で、「ROS」ではユーザーの要求に合わない部分が出てきました。
そこで、新しいユーザーの要求に適合させつつ、「ROS」のコミュニティをさらに発展させるために、次世代バージョンとして、「ROS2」の開発がはじめられました。
最初の正式バージョンは2017年にリリースされましたが、2019年4月時点の最新バージョンは「ROS2 Crystal Clemmys」です。

＊

「ROS2」は、次のような点をコンセプトに掲げています。

- 複数ロボット制御
- 不安定なネットワーク環境下での動作
- 製品開発への適用
- 「マイクロ・コントローラ」対応
- リアルタイム制御
- 「クロス・プラットフォーム」対応

本書執筆の時点(2019年4月)では、「ROS」と「ROS2」のユーザー数は、「ROS2」がまだ少ないと見られます。

ただ、主要なライブラリやツールは「ROS」から「ROS2」への移植が進んでおり、今後は「ROS2」も普及していくでしょう。

※「ROS2」の詳細については、https://index.ros.org/doc/ros2/ を参照して下さい。

■「ROS2」の通信

「ROS2」では、「**DDS**」(Data Distribution Service)プロトコルを通信ミドルウェアに採用しています。

「DDS」は、「**OMG**」(Object Management Group)によって規格化されており、軍事や宇宙航空システムなどでの採用実績をもちます。

ネットワークへの参加者を動的に発見する仕組みや、通信の「QOS」(Quality of Service)が実装されており、幅広い分野で利用できます。

また、「DDS」では、仮想的な「データ空間」(Global Data Space)を形成し、「ネットワーク参加者」(Participant)は、その「データ空間」に接続することで、データをやり取りします。

*

「Global Data Space」でやり取りされるデータは「シリアライズ」され、「Participant」はデータを「デ・シリアライズ」して復元します。

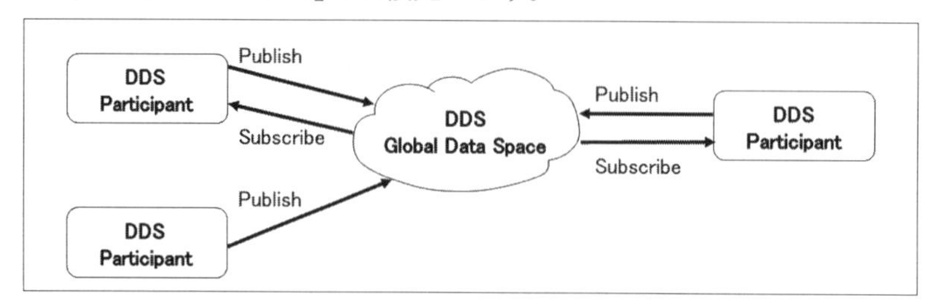

図3-1-1 「DDS」によるデータ送受信のイメージ

※「DDS」の詳細については、https://www.dds-foundation.org/ を参照して下さい。

*

「ROS2」では「DDS」の上に、「**rmw**」(ROS middleware interface)という「通信ミド

ルウェアの抽象化層」や、「rcl」(ROS client library)という「クライアント・ライブラリ」を実装しています。

これによって、従来の「ROS」が提供していた「トピック通信」「サービス通信」などの通信機能や、複数のプログラミング言語への対応を実現しています。

また、「rmw」を入れることによって、複数の「DDS」の実装に対応しています。

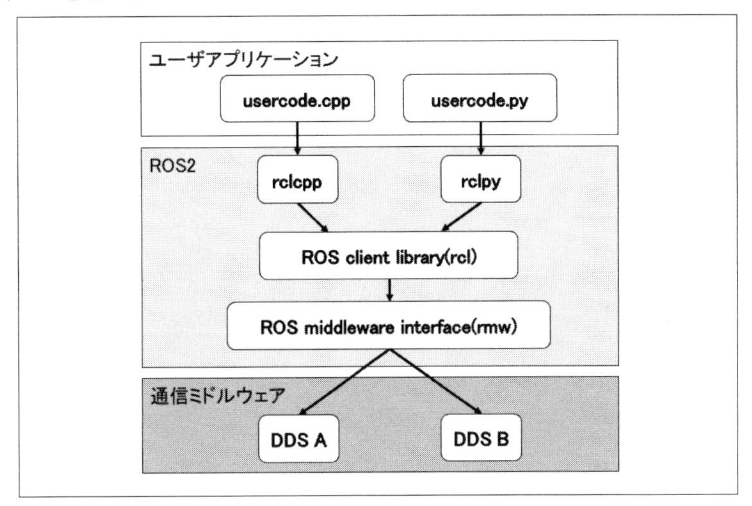

図3-1-2 「ROS2」のアーキテクチャ図

「ROS2」では、通信に利用する「DDSミドルウェア」を複数のベンダから選択できるようになっています。

この後に登場するeProsima社は、「ROS2」をサポートしているDDSベンダの1つです。

*

それでは、実際の「ROS2」の通信を見てみましょう。

ここでは、「ROS2」が提供するデバッグ用のコマンドを実行して、トピックを送受信してみます。

> ※ここで紹介する例は、「ROS2」がインストールされた「Linux PC」上で実行しています。
> 実際に動かして確認したい方は、次の3-2節を参考に「ROS2」をインストールしてください。

図3-1-3中のコマンド、「$ros2 topic pub /chatter std_msgs/String "{data: HelloWorld}"」を実行すると、メッセージを送信できます。

①1番目の引数に「**トピック名**」、②2番目の引数に「**メッセージ型**」、③3番目の引数に「**送信するデータ**」を指定しています。

```
gr-rose@gr-rose: ~
gr-rose@gr-rose:~$ ros2 topic pub /chatter std_msgs/String "{data: HelloWorld}"
publisher: beginning loop
publishing #1: std_msgs.msg.String(data='HelloWorld')

publishing #2: std_msgs.msg.String(data='HelloWorld')

publishing #3: std_msgs.msg.String(data='HelloWorld')

publishing #4: std_msgs.msg.String(data='HelloWorld')
```

図3-1-3　メッセージを送信するコマンドの実行画面

図3-1-4中のコマンド「$ros2 topic echo /chatter std_msgs/String」を実行すると、指定したトピック名のメッセージを受信できます。

①1番目の引数に「**トピック名**」を指定し、②2番目の引数に「**メッセージ型**」を指定しています。

```
gr-rose@gr-rose: ~
gr-rose@gr-rose:~$ ros2 topic echo /chatter std_msgs/String
data: HelloWorld

data: HelloWorld

data: HelloWorld

data: HelloWorld

data: HelloWorld
```

図3-1-4 メッセージを受信するコマンドの実行画面

> ※コマンド「$ ros2 topic pub」「$ ros2 topic echo」の使い方は、コマンド実行時の引数に「--help」を付けると、それぞれ確認できます。

上の例では、①トピック名「/chatter」、②メッセージ型「std_msgs/String」のメッセージを送受信しています。

「送信者」(Publisher)と「受信者」(Subscriber)が同じ「**トピック名**」と「**メッセージ型**」を使っているため、送信したメッセージ「**HelloWorld**」が受信側(Subscriber)で受信できています。

■組み込み向け「ROS2」

先ほど紹介したように、「ROS2」のコンセプトには「マイクロ・コントローラ対応」が挙げられています。

しかし、計算資源やメモリ容量などのリソースが限られたデバイス上で、「ROS2」のすべての機能させることは困難です。

＊

現在、そのようなデバイス向けの通信ミドルウェアとして、「**DDS-XRCE**」(DDS for Extremely Resource Constrained Environments)プロトコルが、複数のDDSベンダによってOMGに提案されています。

「DDS-XRCE」では、「Agent」と呼ばれるモジュールを「PC」などで起動し、「Client」と呼ばれるモジュールを「マイクロ・コントローラ」上で起動します。

「Agent」が仲介することで、「マイクロ・コントローラ」上の「Client」と「DDS Global Data Space」に参加している他の「DDS Participant」が通信できます。

また、「DDS」を使っている「ROS2」とも通信が可能になります。

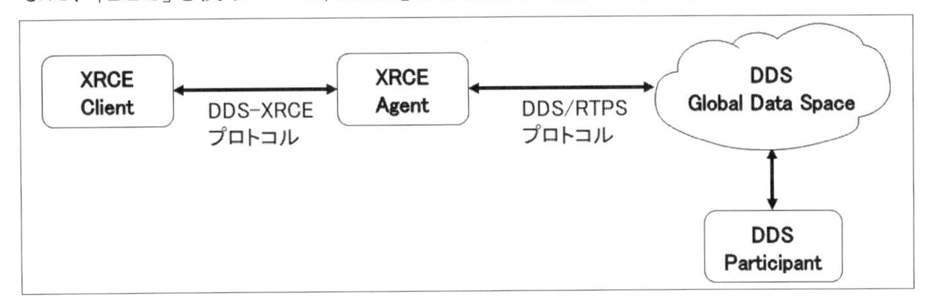

図3-1-5　「DDS-XRCE」と「DDS」の接続

*

「GR-ROSE」は、この「Client機能」に対応しています。

これは、eProsima社が提供している「Micro-XRCE-DDS-Client」を「GR-ROSE」上に実装することで実現しています。

また、eProsima社は「Agent機能」として、「Micro-XRCE-DDS-Agent」を提供しています。

これらを使うことによって、「GR-ROSE」と「ROS2」の間で、以下のように通信できます。

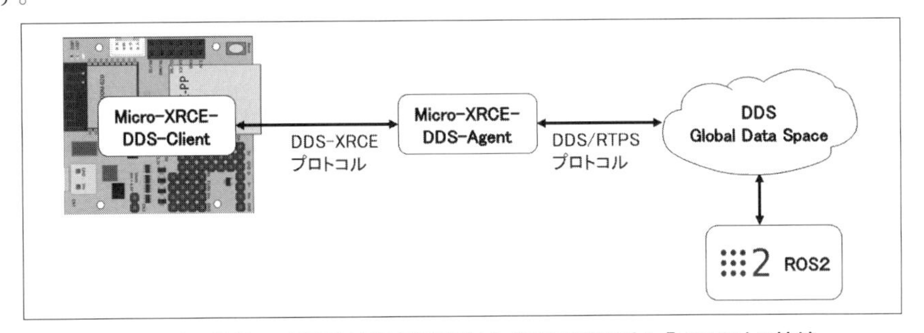

図3-1-6　「Micro-XRCE-DDS」を用いた「GR-ROSE」と「ROS2」の接続

※「DDS-XRCE」プロトコルは、規格化に向けて現在も議論が進められています。
2019年4月時点では、「VERSION1.0 BETA2」の仕様書が公開されています。
今後、さらに議論が進み、正式な仕様書が公開されるものと思われます。

3-2 「ROS2メッセージ」を「送信/受信」してみる

■PCの準備

[1] まず、PCに必要なソフトウェアをインストールします。

ここでは、「Ubuntu 18.04 LTS」がインストールされたPCを使います。

(以下、このPCを、「Linux PC」と記載します)。

> ※「Linux PC」を用意することができない場合は、Windows PCに「VirtualBox」などの仮想化ソフトをインストールして、仮想化ソフト上で「Ubuntu 18.04 LTS」を動作させることもできます。

[1-1] 以下を参考に、「Linux PC」に「ROS2」をインストール。

バージョンは、「ROS2 Crystal Clemmys」、または「Bouncy Bolson」を使います。

```
https://index.ros.org/doc/ros2/Installation/Linux-Install-Debians/
```

[1-2] 以下を参考に、Linux PCに「Agent」をインストール。

バージョンは「v1.0.1」を使います。

```
https://github.com/eProsima/Micro-XRCE-DDS-docs/blob/v1.0.1/docs/
installation.rst
```

> ※**3-2節**、**3-3節**では、「Micro-XRCE-DDS」のバージョン「v1.0.1」を用いて、動作させるための準備や解説をしています。
> 「v1.0.1」より後にリリースされた「Micro-XRCE-DDS」を使う場合は、記載のURLや手順を読み替える必要があります。

*

[2] 次に、「Linux PC」の「ネットワーク設定」をします。

ネットワーク設定画面を開き、以下の図のように「IPアドレス」「サブネット・マスク」「デフォルト・ゲートウェイ」を設定します。

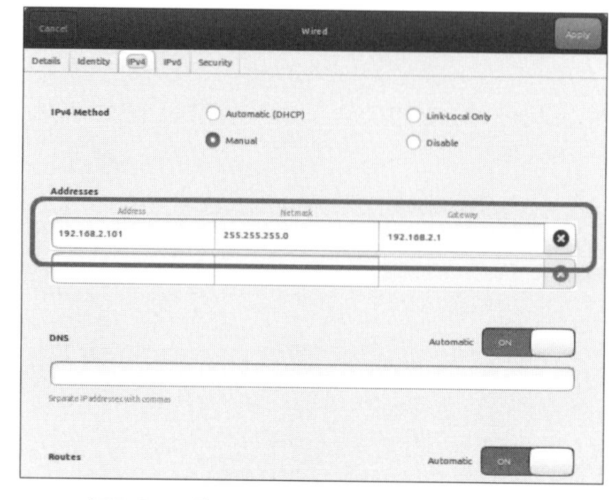

図3-2-1 「Linux PC」ネットワーク設定画面

[3]最後に、「Linux PCとGR-ROSE」を「Ethernetケーブル」で接続します。

「Windows PC」で「GR-ROSE」にスケッチを書き込み、「Linux PC」で「ROS2」を起動する場合の、接続例を次に示します(図3-2-2)。

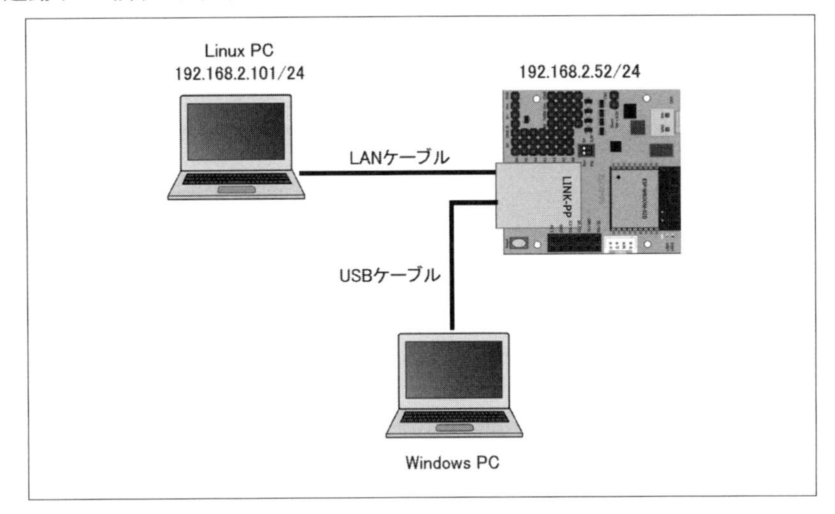

図3-2-2 「GR-ROSE」と「PC」の接続例(「Linux PC」を別途用意する場合)

■ ROS2メッセージを「送信/受信」するサンプル

「GR-ROSE」には、「ROS2」のメッセージを「送信/受信」するサンプルが、以下の8パターン用意されています。

GR-ROSEの動作	使用する通信プロトコル	使用するストリーム	サンプル・スケッチ
GR-ROSEがメッセージを「送信」(publish)	TCP	①Reliable	tcp_talker_reliable
		②Best effort	tcp_talker_besteffort
	UDP	③Reliable	udp_talker_reliable
		④Best effort	udp_talker_besteffort
GR-ROSEがメッセージを「受信」(subscribe)	TCP	⑤Reliable	tcp_listener_reliable
		⑥Best effort	tcp_listener_besteffort
	UDP	⑦Reliable	udp_listener_reliable
		⑧Best effort	udp_listener_besteffort

「GR-ROSE」の「Micro-XRCE-DDS」は、「TCP」と「UDP」の2つのプロトコルをサポートしています。

また、用途に応じて、「Reliableストリーム」と「Best effortストリーム」を使い分けることができます。

「Reliableストリーム」のメリットは、“トランスポート層に関係なく、信頼性の高いメッセージ通信が可能”なことです。

この「Reliableストリーム」を使うと、「Micro-XRCE-DDS」はメッセージの履歴を残します。

また、「Agent」と「Client」の間で、メッセージが受信できたか否かの確認をします。

＊

もし、「Agent」と「Client」の間でメッセージの損失が発生して、受信できたことを確認できなかった場合は、損失したメッセージを再送します。

※「トランスポート層」は、「OSI」参照モデルの「トランスポート層」を指しています。
「Reliableストリーム」を使う場合は、使う通信プロトコルが「UDP」であっても、「DDS-XRCE」プロトコルでメッセージの信頼性を確保できます。

*

一方、「Best effortストリーム」は、通信の信頼性が「トランスポート層」に依存します。

そのため、「UDPプロトコル/Best effortストリーム」の組み合わせでメッセージの送受信をする場合は、メッセージの損失が発生しても再送ができません。

「Best effortストリーム」のメリットは、“リソースの消費量が少ない”ことです。
これは、「Reliableストリーム」のようにメッセージの履歴を残さないためです。

■ GR-ROSEからメッセージを送信してみよう

最初のサンプルとして、「GR-ROSE」から「ROS2」にメッセージを送信してみます。

[1] スケッチの例として入っている「tcp_talker_reliable」を、「GR-ROSE」に書き込む。
「GR-ROSE」にスケッチが書き込まれ、「Agent」の接続待ち状態になります。

[2] 「GR-ROSE」と「USBケーブル」で接続しているPCで、「Tera term」などの「ターミナル・ソフト」を起動する。

※「ターミナル・ソフト」の代わりに、「IDE for GR」の「シリアル・モニタ機能」を使うこともできます。
「IDE for GR」の[ツール]→[シリアルポート]から「GR-ROSE」が接続されているCOMポートを選択後、[ツール]→[シリアルモニタ]を選択します。
表示されたシリアルモニタ画面で、「GR-ROSE」がシリアル経由で出力するログを確認できます。

[3] 「Agent」を起動する。
「Linux PC」でターミナルを起動し、以下のコマンドを実行します。

「Agent」実行時の1番目の引数には「使う通信プロトコル」を、2番目の引数には「Agentが使うポート番号」を指定してください。

以下の場合、「通信プロトコル」は「TCP」を使い、「ポート」は「2020番」を使います。

```
$ cd <Micro-XRCE-DDS-Agentフォルダへのパス>/build/
$ ./MicroXRCEAgent tcp 2020
```

※「Agent」実行時に指定できる引数は、コマンド「$ ./MicroXRCEAgent --help」を実行すると、確認できます。

[4] 「GR-ROSE」がメッセージを送信する。

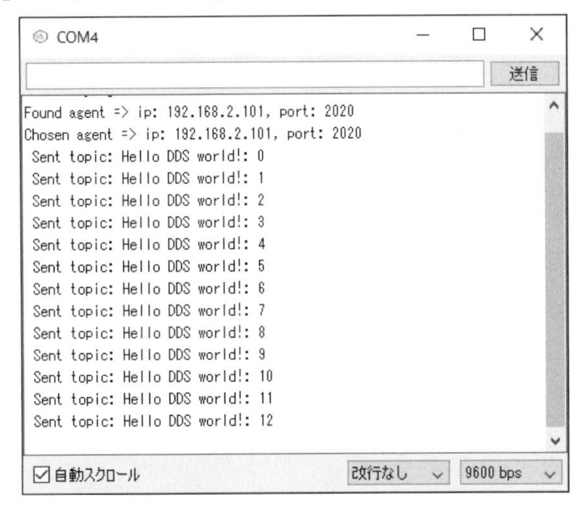

図3-2-3 「IDE for GR」のシリアルモニタ画面

[5] メッセージを受信する「ROS2ノード」を起動する。

「Linux PC」でターミナルを起動し、以下のコマンドを実行します。

```
$ source /opt/ros/crystal/setup.bash
$ ros2 run demo_nodes_cpp listener
```

すると、「Linux PC」の「ROS2ノード」を起動したターミナル画面に、「GR-ROSE」が送信したメッセージが表示されます(図3-2-4)。

```
gr-rose@gr-rose: ~
gr-rose@gr-rose:~$ ros2 run demo_nodes_cpp listener
[INFO] [listener]: I heard: [Hello DDS world!: 0]
[INFO] [listener]: I heard: [Hello DDS world!: 1]
[INFO] [listener]: I heard: [Hello DDS world!: 2]
[INFO] [listener]: I heard: [Hello DDS world!: 3]
[INFO] [listener]: I heard: [Hello DDS world!: 4]
[INFO] [listener]: I heard: [Hello DDS world!: 5]
[INFO] [listener]: I heard: [Hello DDS world!: 6]
[INFO] [listener]: I heard: [Hello DDS world!: 7]
[INFO] [listener]: I heard: [Hello DDS world!: 8]
[INFO] [listener]: I heard: [Hello DDS world!: 9]
[INFO] [listener]: I heard: [Hello DDS world!: 10]
[INFO] [listener]: I heard: [Hello DDS world!: 11]
[INFO] [listener]: I heard: [Hello DDS world!: 12]
```

図3-2-4 「Linux PC」の「ROS2ノード」を起動したターミナル画面

■「サンプル・スケッチ」の解説

上の手順で動作させたスケッチ「tcp_talker_reliable」を確認してみましょう。

```
#define CLIENT_KEY        0xAAAABBBB
```

「CLIENT_KEY」は、「Agent」が「Client」を識別するための「キー」です。

たとえば、1つの「Agent」に複数の「Client」を接続する場合は、それぞれの「Client」には異なる「キー」を設定する必要があります。

```
#define STREAM_HISTORY   8
#define BUFFER_SIZE      UXR_CONFIG_TCP_TRANSPORT_MTU * STREAM_HISTORY
```

「STREAM_HISTORY」は、「Reliableストリーム」を使う場合に、メッセージの履歴をいくつ残すかを指定します。

「BUFFER_SIZE」は、「Client」がメッセージを送受信するために保持する、バッファのサイズです。

「UXR_CONFIG_TCP_TRANSPORT_MTU」はデフォルト512バイトになっており、上記設定の場合には、「Client」は送受信用として、それぞれ「512×8＝4KB」のバッファを確保します。

＊

ここから、起動後に一度だけ呼ばれる関数、「setup()」の中を見ていきます。

```
(void) uxr_discovery_agents_multicast(INT_MAX, 1000, on_agent_found,
 NULL, &chosen);
```

関数「uxr_discovery_agents_multicast ()」で、Clientが接続するAgentの「IPアドレス」を取得します。

＊

1番目の引数で**「Agentを探す回数」**、2番目の引数で**「Agentを探す間隔」**(単位ms)、3番目の引数で**「Agentが見つかったときのコールバック関数」**、4番目の引数で**「コールバック関数に渡す変数」**を指定します。

＊

接続先のAgentが見つかると、Agentの「IPアドレス」と「ポート番号」が5番目の引数に入ります。

「Client」は「Agent」を見つけると、以下の順に処理をします。

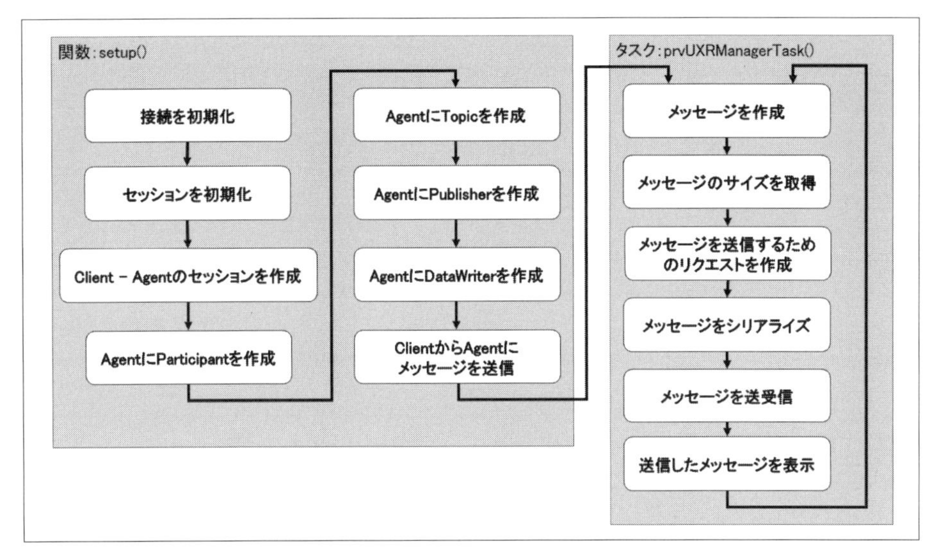

図3-2-5　メッセージを送信する「スケッチ」の処理フロー

関数「setup()」内で作る「Participant」「Topic」「Publisher」「DataWriter」は、Clientが他の「DDS Participant」と通信するために、Agent側で生成が必要なオブジェクトです。

「Agent」は「Client」からの要求で生成したオブジェクトを使って、「Client」の代わりに「DDS Participant」として振る舞います。

＊

上の図の処理を順に見ていきます。

```
if (!uxr_init_tcp_transport(&transport, &tcp_platform, chosen.ip,
chosen.port))
{
    Serial.println("Error at create transport.");
    return;
}
```

関数「uxr_init_tcp_transport ()」で、接続を初期化します。

3-4番目の引数で、接続先のAgentの「IPアドレス」と「ポート番号」を指定します。

```
uxr_init_session(&session, &transport.comm, CLIENT_KEY);
if (!uxr_create_session(&session))
```

関数「uxr_init_session ()」でセッションを初期化し、関数「uxr_create_session()」で「Client-Agent」のセッションを作ります。

```
uxrObjectId participant_id = uxr_object_id(0x01, UXR_PARTICIPANT_ID);
const char* participant_xml = "<dds>"
                                "<participant>"
                                    "<rtps>"
```

```
                                        "<name>default_xrce_participant</name>"
                                      "</rtps>"
                                    "</participant>"
                                  "</dds>";
uint16_t participant_req = uxr_buffer_create_participant_
xml(&session, output_stream, participant_id, 0, participant_xml, UXR_
REPLACE);
```

「Agent」に、「Participant」を作るためのリクエストメッセージを生成します。

「Agent」に「Participant」「Topic」「Publisher」「DataWriter」を作るためのリクエストメッセージは、「XML形式」で記述しています。

また、使用するタグ(<rtps>、<name>など)のルールは、eProsima社が提供するDDSプロトコルの実装「FastRTPS」の「XMLプロファイル」に従っています。

※「FastRTPS」の「XMLプロファイル」は、以下のURLを参照してください。

https://fast-rtps.docs.eprosima.com/en/v1.7.2/xmlprofiles.html

```
uxrObjectId topic_id = uxr_object_id(0x01, UXR_TOPIC_ID);
const char* topic_xml = "<dds>"
                          "<topic>"
                            "<name>rt/chatter</name>"
                            "<dataType>std_msgs::msg::dds_::String_</dataType>"
                          "</topic>"
                        "</dds>";
uint16_t topic_req = uxr_buffer_create_topic_xml(&session, output_
stream, topic_id, participant_id, topic_xml, UXR_REPLACE);
```

「Agent」に「Topic」を作るためのリクエストメッセージを生成します。

＊

「ROS2」とメッセージ通信するには、以下のタグの設定に注意する必要があります。

タグ	説明
name	「トピック名」を指定します。サンプルでは、「rt/chatter」を指定しています。 「rt/chatter」の「rt」は、「ROS2」とは異なるネットワークから「ROS2」のネットワークに接続する際、「トピック名」に付ける必要がある接頭辞です。 「rt/chatter」を指定すると、「ROS2」ではトピック名「/chatter」で、「Client」が送信したトピックを受信できます。
dataType	「メッセージ型」を指定します。 サンプルでは、「std_msgs::msg::dds_::String_」を指定しています。 「::msg::dds_::」や末尾の「_」は、「ROS2」とは異なるネットワークから「ROS2」のネットワークに接続する際に、「メッセージ型」に付ける必要があるものです。

```
uxrObjectId publisher_id = uxr_object_id(0x01, UXR_PUBLISHER_ID);
const char* publisher_xml = "";
uint16_t publisher_req = uxr_buffer_create_publisher_xml(&session,
output_stream, publisher_id, participant_id, publisher_xml, UXR_
REPLACE);
```

「Agent」に、「Publisher」を作るための、リクエストメッセージを生成します。

```
datawriter_id = uxr_object_id(0x01, UXR_DATAWRITER_ID);
const char* datawriter_xml = "<dds>"
                                "<data_writer>"
                                  "<topic>"
                                    "<kind>NO_KEY</kind>"
                                    "<name>rt/chatter</name>"
                                    "<dataType>std_msgs::msg::dds_::
String_</dataType>"
                                  "</topic>"
                                "</data_writer>"
                              "</dds>";
uint16_t datawriter_req = uxr_buffer_create_datawriter_xml(&session,
 output_stream, datawriter_id, publisher_id, datawriter_xml, UXR_
REPLACE);
```

「Agent」に、「DataWriter」を作るためのリクエストメッセージを生成します。
「タグname」と「タグdataType」は、前ページの「AgentにTopicを作るためのリクエストメッセージ」と同じ設定にします。

```
if (!uxr_run_session_until_all_status(&session, 1000, requests,
status, 4))
```

各リクエストメッセージを「Agent」に送信し、「Participant」「Topic」「Publisher」「DataWriter」を作れたかどうかの確認をします。

関数「uxr_run_session_until_all_status()」の2番目の引数は、「Agentからのメッセージを待つタイムアウト時間」の設定です。

※「Agent」からエラーメッセージが返ってきた、あるいはこの設定時間以内に「Agent」からのメッセージが返ってこなかった場合には、関数「uxr_run_session_until_all_status()」は「False」を返します。

```
xTaskCreate(prvUXRManagerTask, "TalkerDemo", configMINIMAL_STACK_SIZE
* 5, NULL, 2, NULL);
```

メッセージの送受信を行なうタスクを作ります。

＊

ここから、タスク「prvUXRManagerTask()」の中を見ていきます。

```
while (connected)
{
    // Topic serialization
    Ros2String topic;
    sprintf(topic.data, "Hello DDS world!: %lu", count++);

    ucdrBuffer mb;
    uint32_t topic_size = Ros2String_size_of_topic(&topic, 0);
    uxr_prepare_output_stream(&session, output_stream, datawriter_id,
 &mb, topic_size);
    Ros2String_serialize_topic(&mb, &topic);

    // Set timeout period to 1ms in order to send messages every 10ms
    connected = uxr_run_session_until_timeout(&session, 1);
    if (connected)
    {
        Serial.print(" Sent topic: ");
        Serial.println(topic.data);
    }
    else
    {
       Serial.println("connection error");
    }

    // Toggle the heartbeat LED
    digitalWrite(PIN_LED1, !digitalRead(PIN_LED1));

    vTaskDelay(1000);
}
```

この「while()」の中で、メッセージの送信を繰り返し行ないます。

＊

また、このサンプルで使われている関数では、それぞれ以下のようなことを行なっています。

関　数	説　明
Ros2String_size_of_topic()	メッセージのサイズを取得
uxr_prepare_output_stream()	メッセージを送信するためのリクエストを作成
Ros2String_serialize_topic()	メッセージを「シリアライズ」
uxr_run_session_until_timeout()	メッセージの送受信

送信したメッセージは、ログ出力しています。

```
(void) uxr_delete_session(&session);
(void) uxr_close_tcp_transport(&transport);
```

「Client」の終了処理を行ないます。

```
vTaskDelete(NULL);
```

メッセージの送受信を行なうタスクを破棄します。

※「Agent」と「Client」間の通信に「UDPプロトコル」を使う場合は、関数「uxr_init_tcp_transport()」の代わりに関数「uxr_init_udp_transport()」を、関数「uxr_close_tcp_transport()」の代わりに関数「uxr_close_udp_transport()」を使う必要があります。

*

「API」の詳細については、以下のURLを参照してください。

https://github.com/eProsima/Micro-XRCE-DDS-docs/blob/v1.0.1/docs/client.rst

■GR-ROSEでメッセージを受信してみよう

次のサンプルとして、「ROS2」から送信したメッセージを「GR-ROSE」で受信してみます。

[1] スケッチの例として入っている「tcp_listener_reliable」を、「GR-ROSE」に書き込む。

[2] 「GR-ROSE」とUSBケーブルで接続しているPC上で、「Tera term」などのターミナルソフトウェアを起動する。

[3] 「Agent」を起動する。

「Linux PC」でターミナルを起動し、以下のコマンドを実行します。

```
$ cd <Micro-XRCE-DDS-Agentフォルダへのパス>/build/
$ ./MicroXRCEAgent tcp 2020
```

[4] メッセージを送信する「ROS2ノード」を起動する。

「Linux PC」でターミナルを起動し、以下のコマンドを実行します。

```
$ source /opt/ros/crystal/setup.bash
$ ros2 run demo_nodes_cpp talker
```

すると、「Linux PC」の「ROS2ノード」を起動したターミナル画面に、送信したメッセージが表示されます。

```
gr-rose@gr-rose: ~
gr-rose@gr-rose:~$ ros2 run demo_nodes_cpp talker
[INFO] [talker]: Publishing: 'Hello World: 1'
[INFO] [talker]: Publishing: 'Hello World: 2'
[INFO] [talker]: Publishing: 'Hello World: 3'
[INFO] [talker]: Publishing: 'Hello World: 4'
[INFO] [talker]: Publishing: 'Hello World: 5'
[INFO] [talker]: Publishing: 'Hello World: 6'
[INFO] [talker]: Publishing: 'Hello World: 7'
[INFO] [talker]: Publishing: 'Hello World: 8'
[INFO] [talker]: Publishing: 'Hello World: 9'
[INFO] [talker]: Publishing: 'Hello World: 10'
[INFO] [talker]: Publishing: 'Hello World: 11'
[INFO] [talker]: Publishing: 'Hello World: 12'
[INFO] [talker]: Publishing: 'Hello World: 13'
[INFO] [talker]: Publishing: 'Hello World: 14'
```

図3-2-6 「Linux PC」の「ROS2ノード」を起動したターミナル画面

送信したメッセージは、「GR-ROSE」が受信します。

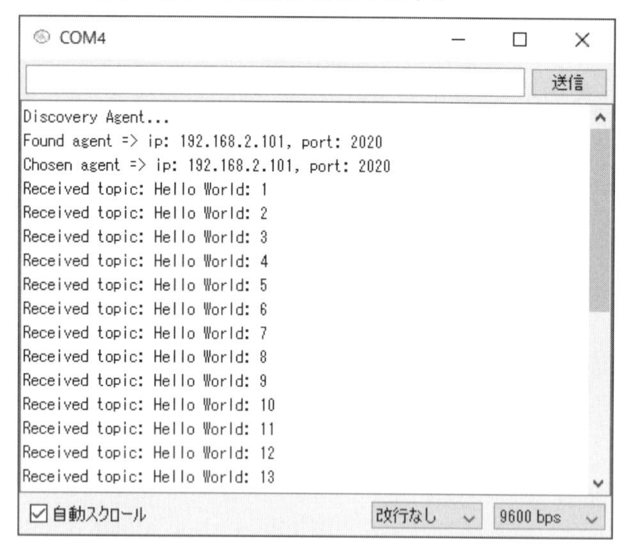

図3-2-7 「IDE for GR」のシリアルモニタ画面

■ サンプル・スケッチの解説

上の手順で動作させたスケッチ「tcp_listener_reliable」を確認してみましょう。

*

「GR-ROSE」から「ROS2メッセージ」を送信するサンプル、「tcp_talker_reliable」との違いを、以下の図に太枠で示します。

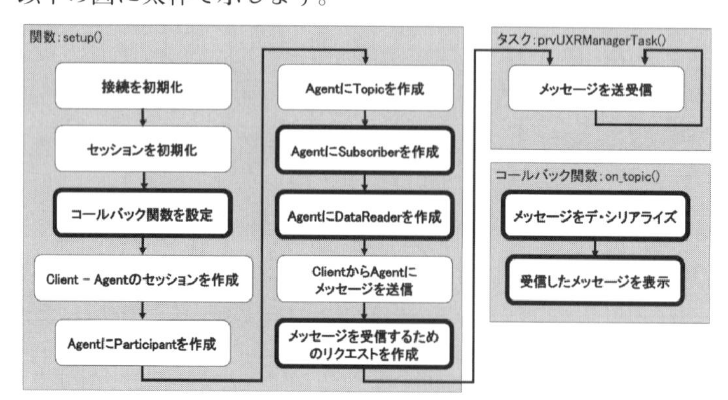

図3-2-8 メッセージを受信するスケッチの処理フロー

*

それでは、処理を順に見ていきます。

先ほどの「tcp_talker_reliable」と同じ箇所は、解説を省略します。

```
uxr_set_topic_callback(&session, on_topic, NULL);
```

関数「uxr_set_topic_callback()」で、「Client」がトピックを受信したときの「コールバック関数」の設定をします。

2番目の引数で「トピックを受信したときに呼ばれるコールバック関数」、3番目の引数で「コールバック関数に渡す変数」を指定します。

```
uxrObjectId subscriber_id = uxr_object_id(0x01, UXR_SUBSCRIBER_ID);
const char* subscriber_xml = "";
uint16_t subscriber_req = uxr_buffer_create_subscriber_xml(&session,
output_stream, subscriber_id, participant_id, subscriber_xml, UXR_
REPLACE);
```

「Agent」に、「Subscriber」を作るためのリクエストメッセージを生成します。

```
uxrObjectId datareader_id = uxr_object_id(0x01, UXR_DATAREADER_ID);
const char* datareader_xml = "<dds>"
                             "<data_reader>"
                                     "<topic>"
                                       "<kind>NO_KEY</kind>"
                                       "<name>rt/chatter</name>"
                                       "<dataType>std_msgs::msg::dds_::
String_</dataType>"
                                     "</topic>"
                                   "</data_reader>"
                                 "</dds>";
uint16_t datareader_req = uxr_buffer_create_datareader_xml(&session,
 output_stream, datareader_id, subscriber_id, datareader_xml, UXR_
REPLACE);
```

「Agent」に、「DataReader」を作るためのリクエストメッセージを生成します。

```
read_data_req = uxr_buffer_request_data(&session, output_stream,
datareader_id, input_stream, &delivery_control);
```

「Agentに作った「DataReader」から、メッセージを受信するためのリクエストを生成します。

このメッセージを「Agent」に送信することで、「Client」はAgentの「DataReader」からメッセージを受信できます。

```
void on_topic(uxrSession* session, uxrObjectId object_id, uint16_t
request_id, uxrStreamId stream_id, struct ucdrBuffer* mb, void* args)
 {
(void) session; (void) object_id; (void) request_id; (void) stream_id;

    Ros2String topic;
 Ros2String_deserialize_topic(mb, &topic);

    Serial.print("Received topic: ");
    Serial.println(topic.data);
```

```
    // Toggle the heartbeat LED
    digitalWrite(PIN_LED1, !digitalRead(PIN_LED1));
}
```

「Client」がトピックを受信したときに呼ばれる「コールバック関数」です。

受信したトピックは、関数「Ros2String_deserialize_topic()」で「デ・シリアライズ」して、ログ出力しています。

3-3 「ROS2」でモータ制御してみる

■「メッセージ型」の構造

メッセージ通信でやり取りされるメッセージには、「型」が定義されています。

これを、「メッセージ型」と呼びます。

「メッセージ型」は、その構造に応じてさまざまなものが定義されています。

既存の「メッセージ型」を使うこともできますが、自分で新しい「メッセージ型」を作ることもできます。

それでは、「ROS2」にどのような「メッセージ型」が入っているのか、実際に確認してみましょう。

＊

「ROS2」をインストールした「Linux PC」でターミナルを起動して、以下のコマンドを実行します。

```
$ source /opt/ros/crystal/setup.bash
$ ros2 msg list
```

表示された各行が「メッセージ型」です。

「action_msgs/GoalInfo」など、さまざまな「メッセージ型」が定義されていることが分かります。

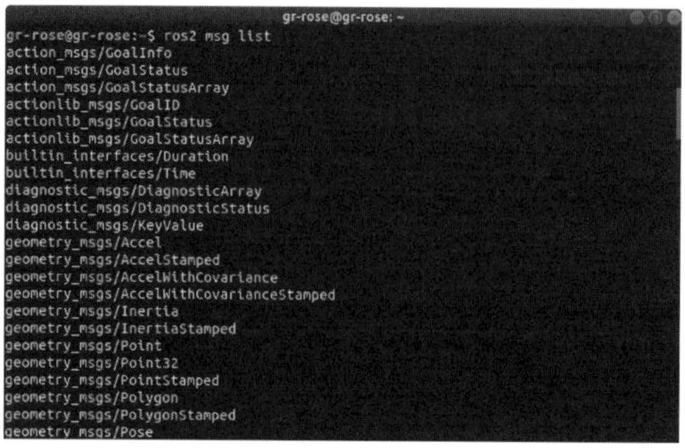

```
gr-rose@gr-rose: ~
gr-rose@gr-rose:~$ ros2 msg list
action_msgs/GoalInfo
action_msgs/GoalStatus
action_msgs/GoalStatusArray
actionlib_msgs/GoalID
actionlib_msgs/GoalStatus
actionlib_msgs/GoalStatusArray
builtin_interfaces/Duration
builtin_interfaces/Time
diagnostic_msgs/DiagnosticArray
diagnostic_msgs/DiagnosticStatus
diagnostic_msgs/KeyValue
geometry_msgs/Accel
geometry_msgs/AccelStamped
geometry_msgs/AccelWithCovariance
geometry_msgs/AccelWithCovarianceStamped
geometry_msgs/Inertia
geometry_msgs/InertiaStamped
geometry_msgs/Point
geometry_msgs/Point32
geometry_msgs/PointStamped
geometry_msgs/Polygon
geometry_msgs/PolygonStamped
geometry_msgs/Pose
```

図3-3-1 「ROS2」の「メッセージ型」のリスト(一部)

＊

次に、「メッセージ型」の構造を見てみましょう。
例として、「sensor_msgs/Joy型」の構造を見てみます。

先ほど起動した「Linux PC」のターミナルで、以下のコマンドを実行します。

```
$ ros2 msg show sensor_msgs/Joy
```

```
gr-rose@gr-rose:~$ ros2 msg show sensor_msgs/Joy
# Reports the state of a joystick's axes and buttons.

# The timestamp is the time at which data is received from the joystick.
std_msgs/Header header

# The axes measurements from a joystick.
float32[] axes

# The buttons measurements from a joystick.
int32[] buttons
```

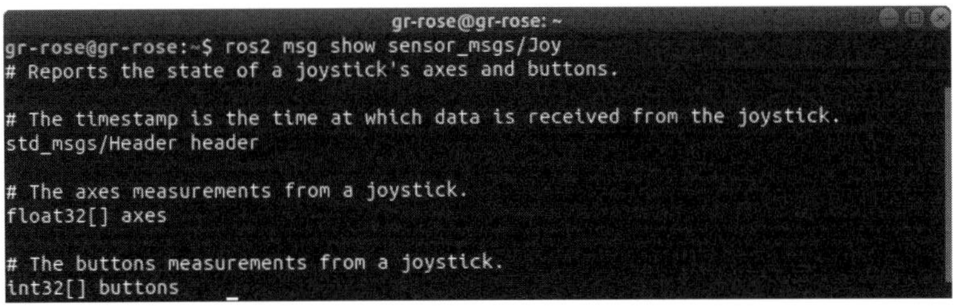

図3-3-2 「sensor_msgs/Joy型」の構造

表示された「std_msgs/Header header」「float32[] axes」「int32[] buttons」が、メッセージ型「sensor_msgs/Joy」を構成する要素です。

これらの要素を、「**フィールド**」と呼びます。
各「フィールド」は、「**フィールド・タイプ**」と「**フィールド・ネーム**」から構成されています。
「フィールド・タイプ」には、以下のデータ型を使えます。

①「ROS2」の基本型

「bool」「char」「int32」などの基本型。

※「ROS2」の基本型は、以下のURLを参照してください。

https://index.ros.org/doc/ros2/Concepts/About-ROS-Interfaces/#field-types

②メッセージ型

「std_msgs/Header」などのメッセージ型。
すでに定義されているメッセージ型を、「フィールド・タイプ」に指定できます。

＊

整理すると、「sensor_msgs/Joy型」は、以下のような構造であることが分かります。

フィールド・タイプ	フィールド・ネーム
std_msgs/Header	header
float32[]	axes
int32[]	buttons

このように、「ROS2」にはさまざまなメッセージ型が用意されており、格納するデータに応じて、各メッセージ型のフィールドが定義されています。

＊

なお、「GR-ROSE」のサンプルでは、メッセージ型「std_msgs/String」のみ使えます。

もし、新しいメッセージ型を使いたい場合は、「ROS2」のメッセージ型と同じ構造のメッセージ型を、「GR-ROSE」側に用意する必要があります。

これは、eProsima社が提供する「Micro-XRCE-DDS-Gen」を使って作れます。

■「移動型ロボット」の制御に適したメッセージ型に変えてみよう

「Micro-XRCE-DDS-Gen」(以下、「Genツール」と呼びます)をPCにインストールし、「移動型ロボット」の制御に適したメッセージ型を作ってみましょう。

＊

これから作るメッセージ型は、以下からダウンロードできます。

http://www.kohgakusha.co.jp/support/gr-rose/index.html

[1] 以下URLを参考に、Linux PCに「Genツール」をインストールする。

バージョンは「v1.0.1」を使います。

ここでは、先ほど使った「Ubuntu 18.04 LTS」がインストールされたPCを使います。

https://github.com/eProsima/Micro-XRCE-DDS-docs/blob/v1.0.1/docs/gen.rst#installation

[2] メッセージ型の定義を作る。

ここでは、「ROS2」の「geometry_msgs/Twist型」と同じ構造のメッセージ型を作ります。

「geometry_msgs/Twist型」は、並進速度を表わす「linear」と、角速度を表わす「angular」から構成され、「移動型ロボット」の3次元空間での「速度制御」を行なうのに適しています。

次の節では、「ROS2」から「GR-ROSE」に接続された「モータ」を実際に制御します。

その際、「移動型ロボット」が前進・後進する想定で、「linear」の「x軸の値」を変えて、「モータ」の「回転速度」や「回転の向き」を制御します。

「geometry-msgs/Twist型」は、「ROS2」では、以下のように定義されています。

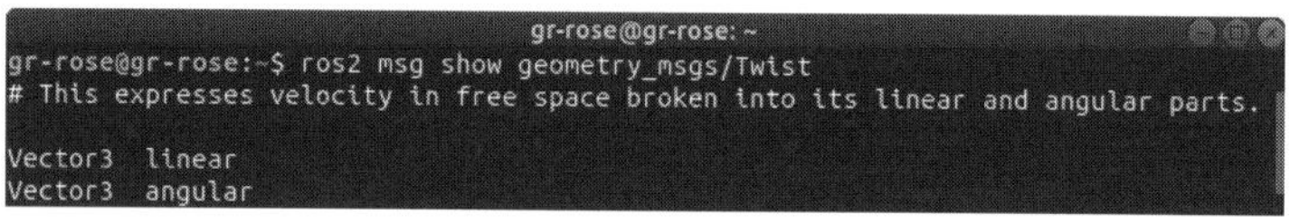

```
gr-rose@gr-rose: ~
gr-rose@gr-rose:~$ ros2 msg show geometry_msgs/Twist
# This expresses velocity in free space broken into its linear and angular parts.

Vector3  linear
Vector3  angular
```

図3-3-3 「geometry_msgs/Twist型」の構造

「geometry_msgs/Twist型」の「フィールド・タイプ」にある「Vector3」は、メッセージ型「geometry_msgs/Vector3」を指しています。

「geometry_msgs/Vector3」は、以下のように定義されています。

```
gr-rose@gr-rose:~$ ros2 msg show geometry_msgs/Vector3
# This represents a vector in free space.

float64 x
float64 y
float64 z
```

図3-3-4 「geometry_msgs/Vector3型」の構造

このメッセージ型を「GR-ROSE」で扱うために、同じ構造のメッセージ型を定義します。

*

Linux PCのエディタで、以下のファイルを作って保存します。

ファイル名は、「Ros2Twist.idl」とします。

[Ros2Twist.idl]

```
struct Ros2Vector3
{
    double x;
    double y;
    double z;
};

struct Ros2Twist
{
    Ros2Vector3 linear;
    Ros2Vector3 angular;
};
```

※「Micro-XRCE-DDS」で使うメッセージ型の定義は、「インターフェイス記述言語」(IDL)を用いて記述します。

「IDL」で記述する際に使ったデータ型(char、doubleなど)は、eProsima社が提供するDDSプロトコルの実装「FastRTPS」の仕様に従います。

「FastRTPS」の「IDLデータ型」の仕様は、以下のURLを参照してください。

https://fast-rtps.docs.eprosima.com/en/v1.7.2/genuse.html#defining-a-data-type-via-idl

※「Genツール」は、メッセージを定義した「IDL」ファイルから、「Micro-XRCE-DDS」で使用可能な「ヘッダ・ファイル」と「ソース・コード」を生成します。

[3] [2]で作ったファイルを、「GR-ROSE」の「Client」で使用可能な「ヘッダ・ファイル」と「ソース・コード」に変換する。

＊

「Linux PC」でターミナルを起動し、以下のコマンドを実行します。

```
$ cd <Micro-XRCE-DDS-Gen フォルダへのパス>/scripts/
$ ./microxrceddsgen <idl ファイルを作成したファイルへのパス>/Ros2Twist.
idl
```

[4] 「Gen ツール」を実行したフォルダ内に「Ros2Twist.h」と「Ros2Twist.c」が生成される。

この２つのファイルを「スケッチ」に追加することで、「GR-ROSE」で「geometry_msgs/Twist型」を扱うことができます。

■「ROS2」でモータ制御してみよう

「ROS2」から「GR-ROSE」に接続されたモータを制御、そして、「GR-ROSE」のモータ制御状態を、「ROS2」で確認してみましょう。

＊

ここでは、「geometry_msgs/Twist型」のメッセージ受信と、「std_msgs/String型」のメッセージ送信を同時に行ないます。

[1] 「GR-ROSE」と「モータ」を以下のように接続する。

「GR-ROSE」の他に、「電池ボックス」「単３電池２本」「モータ(FA-130)」「モータドライバ(TA7291P)」を使っています。

「GR-ROSE」と「モータ」の接続は、「GR-ROSE」の電源を切った後に行ないます。

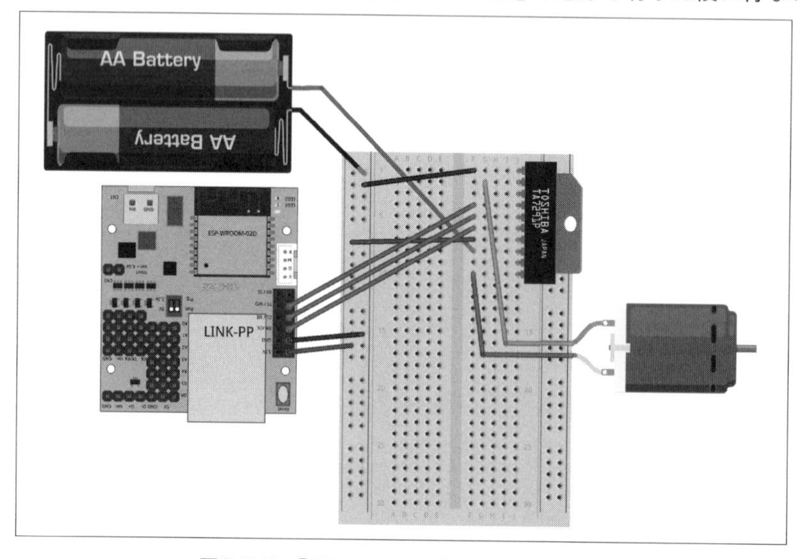

図3-3-5 「GR-ROSE」と「モータ」の接続図

※モータなどの部品を用意することができない場合でも、「GR-ROSE」と「ROS2」の間でモータ制御のメッセージを送受信はできます。

[2] 以下からモータ制御の「サンプル・スケッチ」をダウンロードする。

http://www.kohgakusha.co.jp/support/gr-rose/index.html

このサンプルでは、2つのトピックを扱います。

そのため、「Agent」に「Topic」を作るためのリクエストメッセージを、2つ生成しています。

「Agent」に作る「Topic」が重複しないよう、1つ目のトピックと2つ目のトピックの「Topic ID」を、「0x01」と「0x02」で分けています。

```
uxrObjectId pub_topic_id = uxr_object_id(0x01, UXR_TOPIC_ID);
const char* pub_topic_xml = "<dds>"
                              "<topic>"
                                  "<name>rt/motor_status</name>"
                                  "<dataType>std_msgs::msg::
dds_::String_</dataType>"
                                "</topic>"
                              "</dds>";
uint16_t pub_topic_req = uxr_buffer_create_topic_xml(&session,
output_stream, pub_topic_id, participant_id, pub_topic_xml, UXR_
REPLACE);

uxrObjectId sub_topic_id = uxr_object_id(0x02, UXR_TOPIC_ID);
const char* sub_topic_xml = "<dds>"
                              "<topic>"
                                  "<name>rt/motor_control</name>"
                                "<dataType>geometry_msgs::msg::
dds_::Twist_</dataType>"
                                "</topic>"
                              "</dds>";
uint16_t sub_topic_req = uxr_buffer_create_topic_xml(&session,
output_stream, sub_topic_id, participant_id, sub_topic_xml, UXR_
REPLACE);
```

＊

また、以下の箇所で、モータの「正転／反転／停止」や「PWM制御による速度の調整」をしています。

※このサンプルでは、処理と説明を簡略化するため、速度制御の計算を省略しています。

```
if(0 < twist.linear.x) {
    // analogWrite value between 0 to 255
    if(255.0 < twist.linear.x)
    {
        speed = 255.0;
    }
    else
    {
```

```
        speed = twist.linear.x;
    }

    // Set direction of the motor rotation
    digitalWrite(20, HIGH);
    digitalWrite(21, LOW);

    // Create status message
    sprintf(status.data, "status: running, speed: %lf", speed);
}
--省略--

// Set analog value
analogWrite(9, speed);
```

[3] 取得したスケッチと「geometry_msgs/Twist型」の「ヘッダ・ファイル/ソース・コード」を、「GR-ROSE」に書き込む。

※「IDE for GR」を使う場合、「geometry_msgs/Twist型」の「ヘッダ・ファイル/ソース・コード」は、「スケッチ->ファイルを追加」から追加することができます。

[4] 「GR-ROSE」とUSBケーブルで接続しているPCで、「Tera term」などの「ターミナル・ソフト」を起動する。

[5] 「Agent」を起動する。

Linux PCでターミナルを起動し、以下のコマンドを実行します。

```
$ cd <Micro-XRCE-DDS-Agentフォルダへのパス>/build/
$ ./MicroXRCEAgent tcp 2020
```

[6] 「GR-ROSE」が送信するモータ制御状態のメッセージを、「ROS2」で受信する

Linux PCでターミナルを起動し、以下のコマンドを実行します。

```
$ source /opt/ros/crystal/setup.bash
$ ros2 topic echo /motor_status
```

[7] 「ROS2」から「GR-ROSE」に接続されたモータを制御する。

Linux PCでターミナルを起動し、以下のコマンドを実行します。

```
$ source /opt/ros/crystal/setup.bash
$ ros2 topic pub /motor_control geometry_msgs/Twist "{angular:
{x: 0, y: 0, z: 0}, linear: {x: 200.0, y: 0, z: 0}}"
```

するとモータが回転し、「GR-ROSE」がモータ制御状態のメッセージを送信します。

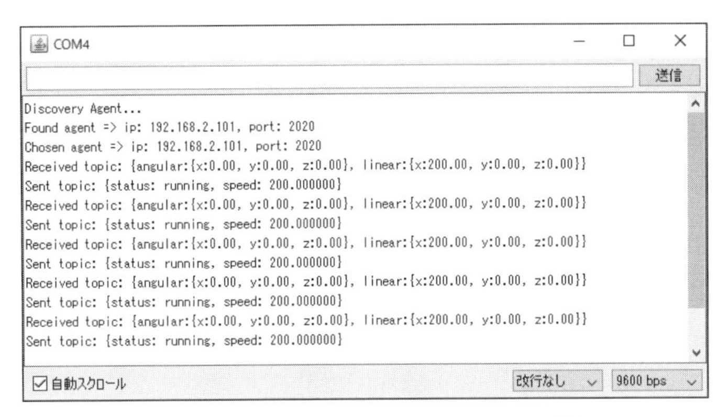

図3-3-6　「IDE for GR」のシリアルモニタ画面

Linux PCのコマンド、「$ ros2 topic echo /motor_status」を実行したターミナル画面には、「GR-ROSE」が送信したモータ制御状態のメッセージが表示されます。

```
gr-rose@gr-rose: ~
gr-rose@gr-rose:~$ ros2 topic echo /motor_status
data: 'status: running, speed: 200.000000'

data: 'status: running, speed: 200.000000'

data: 'status: running, speed: 200.000000'

data: 'status: running, speed: 200.000000'

data: 'status: running, speed: 200.000000'
```

図3-3-7　Linux PCのターミナル画面

＊

モータを制御するには、「linear」の「x軸の値」を変更する必要があります。

「0」を設定するとモータは停止し、値の正負によってモータの“回転の向き”が変わります。

また、値が大きくなるにつれて、モータの回転が速くなります。

■最後に

「GR-ROSE」は「ROS2」と通信ができるため、「ROS」や「ROS2」が提供するさまざまな機能と組み合わることができます。

最後に説明した「モータ制御」を応用すれば、「環境認識」や「経路計画」など、複雑なアルゴリズムを処理する「ROS」や「ROS2」のシステムと、「センシング」や「モータ制御」を処理する「GR-ROSE」を組み合わせて、高機能な「自律型ロボット」の開発もできます。

「ROS」や「ROS2」を活用して、「GR-ROSE」の用途を広げましょう。

第4章

ロボットに「感覚」を与えてみよう

本章では、「ロボット」に必要な「センサ」を紹介するとともに、
「GR-ROSE」に接続する事例を紹介します。

4-1 「距離」を測る

何かを動かそうとするとき、対象物との「距離」が知りたくなります。
ここでは、「GR-ROSE」に「測距センサ」を接続する方法を紹介します。

■ 赤外線測距センサ

比較的安価で入手しやすい「測距センサ」として、「赤外線」を用いた「距離測定モジュール」があります。

「赤外線」は、リモコンや、電子レンジなど、さまざまな目的に利用されています。

「距離」の測定の場合は、まず「赤外線LED」を「発光」して、対象物で反射した光を「受光」して、その「光の強度」を「距離」に読み替えます。

「測距センサ・モジュール」には、これら「発光部」と「受光部」に加えて、「光の強度」を「電圧信号」に変換する回路が組み込まれています。

*

ここでは、シャープ製の「GP2Y0E02A」を用います。

測距センサ・モジュール「GP2Y0E02A」は、**表4-1-1**の特徴をもちます。
「GP2Y0E02A」の「距離」と「電圧信号」の関係を実測した結果を、**図4-1-1**に示します。

表4-1-1 測距センサ・モジュール「GP2Y0E02A」の特徴

	項　目	
概　要	モジュール・サイズ	18.9 x 8.0 x 5.2 mm
	動作電圧範囲	2.7V ～ 3.3V
特　徴	測位範囲(白色板)	4cm ～ 50cm
	消費電流(スタンバイ) (動作時平均値) (LED発光時)	< 60 μ A < 36 mA < 150 mA

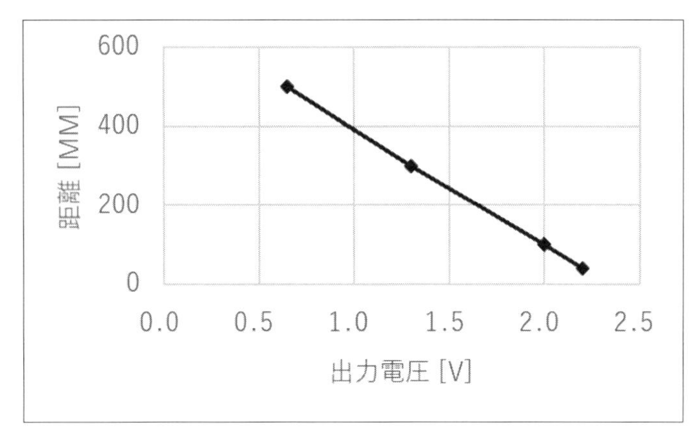

図4-1-1 距離測定結果

本結果は、「GP2Y0E02A」に「コピー用紙」を用いて測定をしました。

対象物の「材質」や「向き」によって、「値」や「距離」に"ズレ"が出ることには注意が必要です。

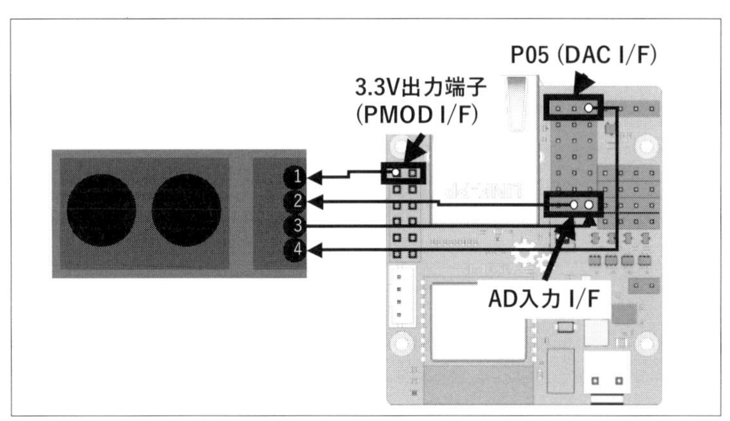

図4-1-2 測距センサ・モジュール接続例

「アナログ信号端子」を、マイコンの「A/Dコンバータ」に接続して「距離情報」を得ます。

この「測距センサモジュール」、「GP2Y0E02A」の場合、「スタンバイ状態」をマイコンで制御することで、無駄な電力消費を抑えることができます。

ただし、スタンバイ解除後は、40ミリ秒以上経過してからでないと、正しい「距離情報」を得られません。

詳しくは、製品のデータシートをご覧ください。

■超音波 測距センサ

「赤外線センサ」の課題であった、「対象物の材質や色によって、反射強度が変わってしまう」という課題を解決する方法の1つが、**「超音波の反射」**を利用した「測距センサ」です。

*

ここでは、**「US-015」**(SainSmart製)の「超音波センサ・モジュール」を用いて紹介します。

このモジュールでは、50マイクロ秒の時間に「40kHzの超音波」を発生させ、発生終了から「反射音」を受け取るまでの「往復の時間」を測定して、「音速340m/s」から距離を求めます。

「往復の時間」なので、単純に「音速」だけを考慮すると“倍の距離”になるので、「1/2」とすることを忘れず計算にいれます。

まず、「GR-ROSE」との接続例が**図4-1-3**です。

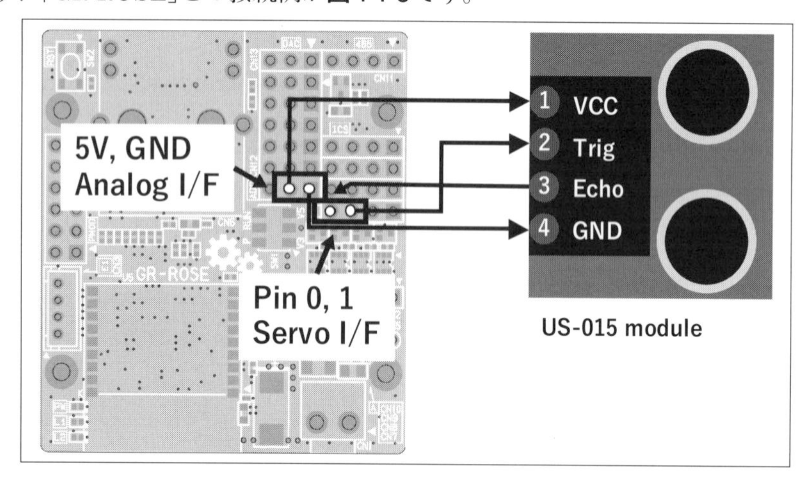

図4-1-3 超音波センサ「US-015」の接続例

本モジュールの場合は、**「5V電源」**が必要です。
「アナログ端子」部にある「5V電源」を用います。

「電源電圧」にともない、扱う信号は「5V信号」となるので、「シリアル・サーボI/F」側の端子にて「パルス生成」と「時間測定」を行ないます。

*

「超音波センサ」による測距プログラムの例を、以下に示します。

「超音波センサ」による測距プログラム

```
#include <Arduino.h>
uint8_t    PinEcho = 0;
uint8_t    PinTrig = 1;
uint32_t  echo_microsecond;
uint32_t  distance_mm;

void    setup()
{
  pinMode(PinEcho, INPUT);
  pinMode(PinTrig, OUTPUT);
}
void  loop()
{
  digitalWrite(PinTrig, HIGH);
  delayMicroseconds(50);
  digitalWrite(PinTrig, LOW);
  echo_microsecond = pulseIn(PinEcho, HIGH);
  distance_mm = echo_microsecond * 340000L / 2U;
  delay(1000);
}
// EOF
```

4-2 「接触」をとらえる

何かを動かした結果、ものに衝突することが想定されます。
また、「入力装置」としても使えますし、異常動作時の「緊急ストップ・スイッチ」としても使えます。

ここでは、接触したかどうかを判断できる「タクタイル(タクト)・スイッチ」と、「圧力」を検出するセンサについて紹介します。

■タクタイル(タクト)・スイッチ

「スライド・スイッチ」や「トグル・スイッチ」と異なり、押されたときに通電する仕組みをもつ**「タクタイル・スイッチ」**(tactile switch)。
対象物に接触したかどうかを判定するには、シンプルな回路とソフトで実現できます。

＊

図4-2-1に回路例を示します。

ポイントは、**「チャタリング」**と呼ばれる電気的通電の判定が、「キャパシタ」と「抵抗」で「ローパス・フィルタ」を形成しておくことです。

これは、「閾値電圧」近辺で「ON/OFF」を繰り返す現象が発生することを抑制するためです。

ソフトウェアで同じような動作を実現させることも可能ですが、割り込みによる実装の場合、その都度割り込みが発生し、CPUにとっては負荷が大きくなります。

通常は、「ローパス・フィルタ回路」を実装することをお勧めします。

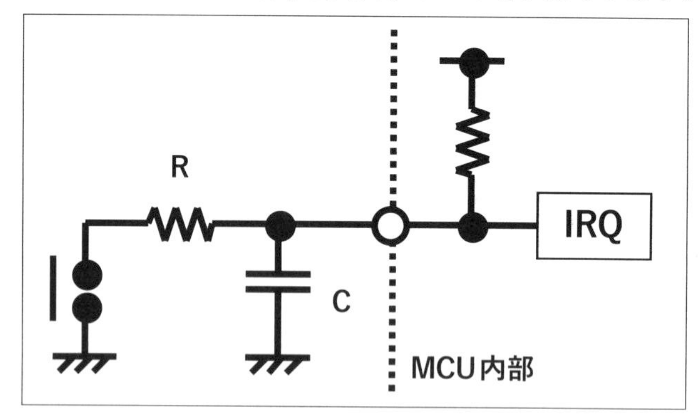

図4-2-1 「タクタイル・スイッチ」による接触感知回路例

「スイッチ」と並列にある「コンデンサC」と、マイコンへの「入力信号」に対して、“直列”に配置した「抵抗R」によって、「ローパス・フィルタ」を形成しています。

「RX65Nマイコン」の場合、内蔵の「プルアップ抵抗」があるため、「タクタイル・スイッチ」に対して「プルアップ抵抗」の回路実装は不要となります。

※なお、「フィルタ時定数R,C」より、「カットオフ周波数」は「1/(2πRC) [Hz]」となります。

■圧力センサ

「接触」を感知する場合、「タクタイル・スイッチ」だけでは不充分な場合があります。

たとえば、ロボットが物を運ぶ際に、安定した保持状態を保つ必要があります。

そのために、「圧力」を一定に保つよう制御するには、「ON/OFF」の2つの状態では不充分です。

そこで、「圧力」を「電圧信号」にする「センサ」が必要となります。

ここでは、「半導体式圧力センサ」ではなく、比較的安価に手に入る「感圧センサ」の接続例を、図4-2-2に示します。

マイコンの「A/Dコンバータ」で、アナログの「電圧信号」を読み取ります。

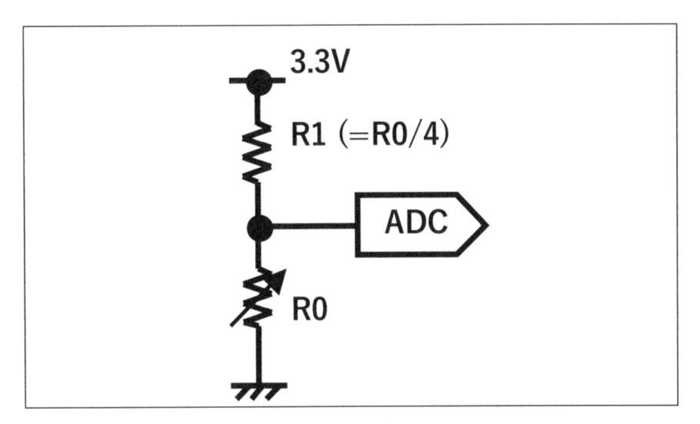

図4-2-2　「感圧センサ」の接続例

一般の「感圧センサ」の場合は、押した「圧力」に応じて蛇行した配線がショートすることで、全体の「抵抗」が低下します。

印加した一定の電圧に対して、押した力が大きいほど「電圧信号」が小さくなります。

＊

一般的な「感圧センサ」は、蛇行配線の上に「導電性のシート」が設置されています。

その「シート」を押すことで、蛇行配線がショートし、「抵抗」が低下する仕掛けとなっています。

図4-2-3では、「無負荷状態」(いちばん左の図)から、押す力を増やすことで「シート」と「抵抗」が接触する量が増え、「等価回路」で示すように、「抵抗」の数が減るイメージとしています(右に行くに従って、「抵抗値」は小さくなります)

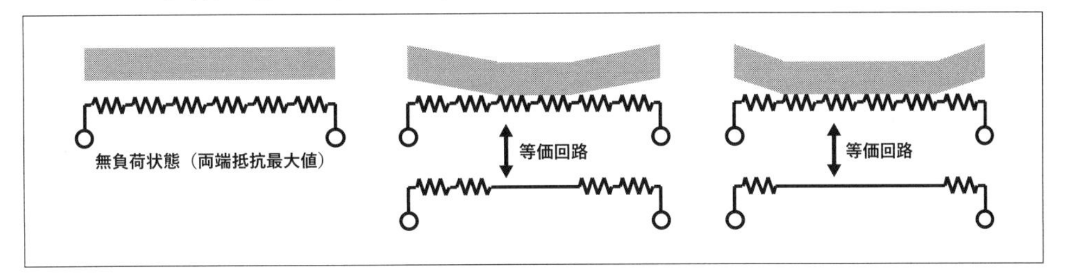

図4-2-3　「感圧センサ」の動作原理(一例)

■「半固定抵抗」による「ポテンショ・メータ」

「ポテンショ・メータ」(potentiometer)は、「オーディオ機器の音量調整」「家電製品の調整入力装置」「ゲーム・コントローラのジョイスティック」「サーボ・モータの回転位置検出装置」など、多くの用途で使われています。

機構としては**「半固定抵抗」**と呼ばれる方法になっています。

この方法は、一定の電圧を印加した抵抗体の上を、位置を検出したい機構に固定します。

その固定部にある電圧を、マイコンの「A/Dコンバータ」で「電圧信号」として読み取る、という方式です。

＊

この回路構成は、「感圧センサ」の場合と同じとなります。

「ポテンショ・メータ」の場合、「半固定抵抗」の抵抗値は「10k〜100kΩ」程度を用いるのが一般的です。

小さくしすぎると、常に電流が流れ続けるためバッテリ消費が大きくなり、大きくしすぎると「A/Dコンバータ」の「入力インピーダンス」が大きくなりすぎるためです。

4-3 環境状態をとらえる

「ロボット」や「定点観察」による「環境情報」の取得は、「IoTサービス」を行なう上で大切なテーマとして考えられています。

ここでは、「温度」「照度」「湿度」「気圧」の4つの環境情報の取得方法について紹介します。

■「温度」を取得してみる

「温度センサ」は、**「サーミスタ」**(thermistor)と呼ばれる「温度」に対して抵抗値が変化する物理現象を素子としたものです。

対象物の特定部位に「サーミスタ」を張り付けることで、その部位の「温度」が測定できます。

*

「サーミスタ」は、**「正特性サーミスタ」**と**「負特性サーミスタ」**に大別されます。

「正特性サーミスタ」は、「温度」が上昇すると「抵抗」も上昇するタイプで、ある閾値温度を超えると、急に「抵抗」が上昇する特性をもっています。

そのため、「温度の異常検出」などに使われます。

「負特性サーミスタ」は、「温度」が上昇すると「抵抗」が下がりますが、「正特性サーミスタ」のように急激な変化はありません。

「温度」を正しく知りたい場合は、「負特性サーミスタ」のほうがいいです。

「温度特性」は、次の式のように表わせます。

(サーミスタ抵抗値)=(298[K]時の抵抗値) x exp{ B * (1/周囲温度 - 1/298) }

「温度」を基準に記述すると、次のようになります。

周囲温度 = 1 / [{ln(サーミスタ抵抗値) - ln(298[K]時の抵抗値)} / B + 1/298]

※「298[K] = 25[℃]」です。
「B」は、「サーミスタ」ごとに決まる定数です。

■「照度」(輝度)を測定してみよう

装置にどの程度の「光」が当たっているかを知るセンサとして、**「照度センサ」**があります。

＊

ここでは**新日本無線製**の**「NJL7302L」**を例に紹介します。

このセンサは、「フォト・トランジスタ」と呼ばれる、「光」を照射することで「電流」を流す量を変化させる特性をもった素子です。

「トランジスタ」のため、温度依存性がありますが、暗闇から「太陽光」が当たっている「輝度」までを測定したい場合は、温度依存性を無視して、**図4-3-1**のようなシンプルな回路構成で「照度」を知ることができます。

ただし、「蛍光灯」のように、「電力系統」(50Hz, 60Hz)の「スイッチング」や、「LED」の「調光制御周波数」より速い「サンプリング時間」の場合、一定の「輝度」が得られません。

そのため、「輝度測定」においては、100ミリ秒程度の「積分回路」を入れると、安定した値を得ることができます。

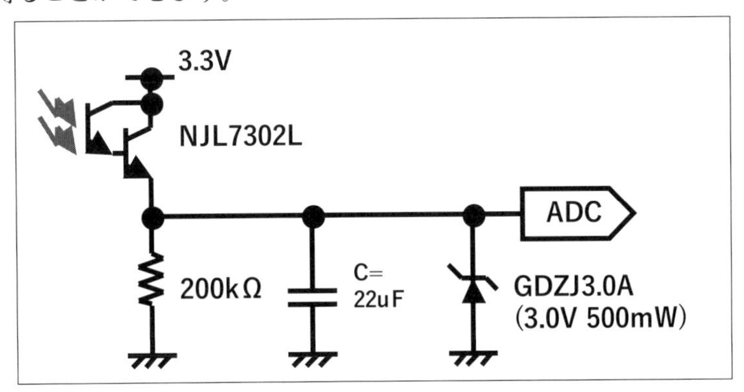

図4-3-1　「照度センサ」の接続回路例

屋内で使われている照明器具(「蛍光灯」や「LED照明」)の「スイッチング・ノイズ」を消すために、大き目の「コンデンサ」を「抵抗」に"並列"に実装した回路例です。

強い光が「フォト・トランジスタ」に照射された場合は、マイコンの「A/Dコンバータ」が壊れないよう、「保護ダイオード」として「3.0V」の**「低電圧ツェナー・ダイオード」**も並列に実装します。

■「温度＋湿度＋気圧」の環境情報を取得してみよう

周囲の「温度」や「湿度」「気圧」を測定する場合、センサの選定以上に気を付けなければならないことがあります。

それは、**筐体の外気に「センサ素子」が触れるように配置すること**です。

「防塵・防水」を考慮するために、筐体の中にセンサを入れてしまうと、筐体内の雰囲気に対して測定を実施するため、「環境センサ」として機能しません。
(筆者の場合、ケーブル部を「防塵・防水」にすることが容易に実現できるため、センサ単独で「防塵・防水耐性」をもつように構造設計します)。

＊

ここでは、「温度」「湿度」「気圧」を測定できる「**BME-280**」(**BOSCH製**)を用いて説明します。

図4-3-2に結線概略図と、「I2C接続」した場合のソフト記述例を示します。

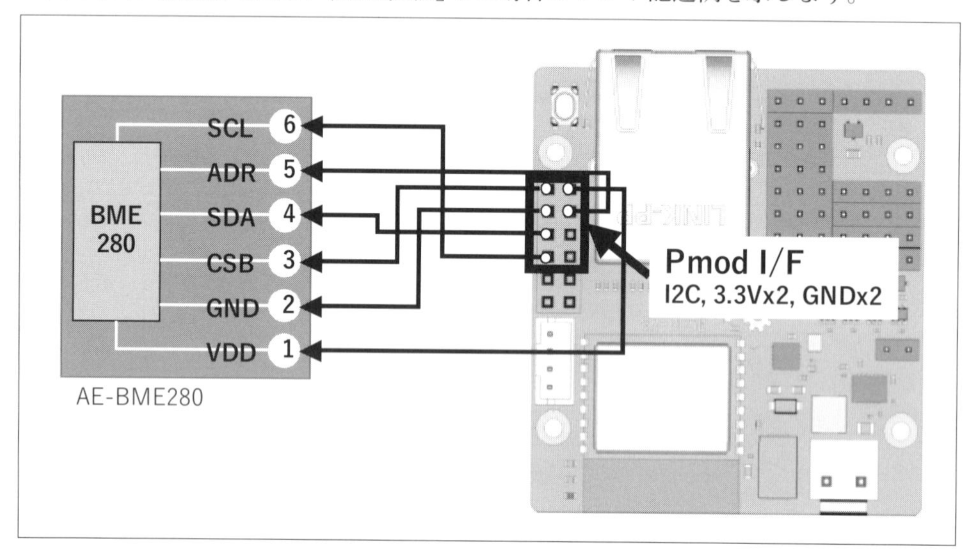

図4-3-2　「BME-280」との「I2C」の接続例

「**BME-280**」を搭載したモジュール「**AE-BME280**」(**秋月電子通商製**)と接続する場合は、「VDD」と「DSB」を「3.3V出力端子」に、「GND」と「ADR」を「GND端子」につなぐと、「I2Cアドレス」は「**0x76**」として扱うことになります。

「**AE-BME280**」の基板上の「プルアップ抵抗」を有効にするため、基板上の「J1」「J2」をハンダでショートさせてください。

※なお、「SparkFunBME280モジュール」の場合、「#3=SDA」「#4=SCL」「#5=CSB」「#6=ADR」と読み替えて接続してください。

```
#include <Arduino.h>
#include "SparkFunBME280.h"
#include "Wire.h"

BME280  envs;
int16_t  TempC;
int16_t  Press;
int16_t  Humid;

void    setup()
{
  envs.settings.commInterface = I2C_MODE;
  envs.settings.I2CAddress = 0x76;
  envs.settings.runMode = 3;
  envs.settings.tStandby = 0;
  envs.settings.filter = 0;
  envs.settings.tempOverSample = 1;
  envs.settings.pressOverSample = 1;
  envs.settings.humidOverSample = 1;
  delay(10);
  envs.begin();
}
void    loop()
{
  TempC = envs.readTempC();
  Press = envs.readFloatPressure();
  Humid = envs.readFloatHumidity();
  delay(1000);
}
// EOF
```

4-4 ロボットの「状態」と「動き」をとらえる

ロボットを作るうえで、「姿勢制御」は1つのテーマです。

「姿勢制御」をするには、「瞬間の状態」(向き)と「動き」(角速度)をとらえることが必要になります。

地球上の空間で「絶対座標」を知ることも大切ですが、「GPS」(Global Positioning System)や「地磁気」は、建屋による「電波遮断」やモータによる「磁気の乱れ」があるため、本章では割愛します。

ここでは、「ADコンバータ」と「シリアルI/F」を内蔵した「加速度センサ」(向き情報)と「ジャイロ・センサ」(角速度情報)の「データ取得方法」と、「ロボットへの応用例」を紹介します。

■「加速度」と「角速度」を取得する

「加速度センサ」や「ジャイロ・センサ」を用いる場合、まず考慮すべきことに**「センサの情報を取得する周期」**(サンプリング・レート)と、**「センサ測定の範囲」**(レンジ)です。

「サンプリング・レート」は、「サーボ・モータ」に対して「フィードバック」をかける際に必要な「周波数の逓倍(ていばい)」(正数倍)とします。

*

たとえば、「サーボ制御周期」が「10ミリ秒」(100Hz)であれば、「サンプリング・レート」は「100」「200」「400」(Hz)などとなります。

※センサに「デジタル・フィルタ処理」が内蔵されている場合は、注意してください。
「デジタル・フィルタ」によって「ノイズ除去」が実現できますが、過剰にかけると大切な情報が欠落する場合があります。

「加速度センサ」の場合、「レンジ」は**「±8G」**程度にしておくことで、「重力加速度」の影響(鉛直下向きに1G)や衝撃による急激な加速度が加わっても、「オーバーフロー」することなく「加速度値」を取得できると思います。

もし足りない場合は、**「±16G」**など「測定レンジ」を上げて「オーバーフロー」しないように変更してください。

*

「ジャイロ・センサ」の場合は、「±1000dps」(degree/second)程度からはじめ、実機での調整となります。

「加速度センサ」と違い、「ジャイロ・センサ」の実装位置によって、どの程度の「角速度」が発生し、それにフィードバックをかけるかは、用途に強く依存するためです。

*

たとえば、“全体の重心位置での制御”と、“足先や手先など大きく動作するもの”とでは、「角速度」の「取得分解能」は大きく異なります。

ここでは、「加速度」「角速度」を測定できる「**MPU6050**」(InvenSense製)を用いた例を示します。

図4-4-1は、「結線 概略図」です。

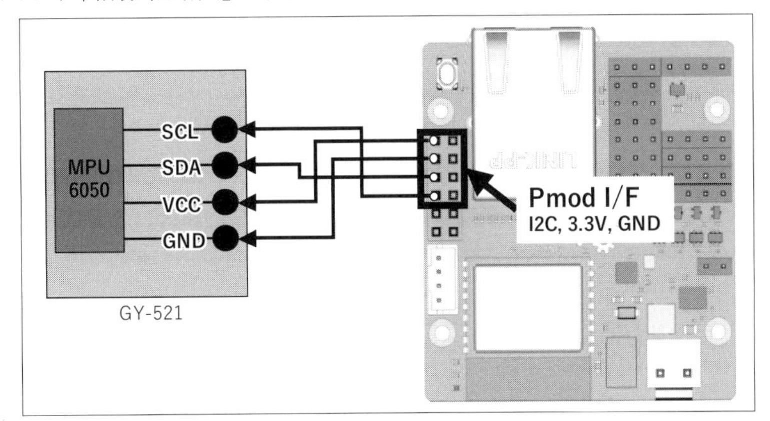

図4-4-1　「MPU6050」と「GR-ROSE」の接続例

ソフト実装例を**リスト4-4-1**に示します。

少し長いプログラムですが、「FreeRTOS」を使い、「加速度ジャイロ・センサ」を読む「taskSensingタスク」と、結果を表示する「taskShowDataタスク」を生成し、キュー「xQueue」でデータをやり取りしています。

実際に「姿勢制御」を行なう場合は、「taskShowData」をモータの制御タスクに置き換えることになります。

リスト4-4-1　「加速度センサ」「ジャイロ・センサ」の初期化とデータ取得例

```
#include <Wire.h>
#include "FreeRTOS.h"
#include "task.h"
#include "queue.h"

void taskSensing(void *pvParameters);
void taskShowData(void *pvParameters);
QueueHandle_t xQueue;

#define MPU6050_ADDR       0x68
#define MPU6050_AX_ADDR    0x3B
#define MPU6050_READ_NUM  14
typedef struct
{
```

```
  float ax;
  float ay;
  float az;
  float gx;
  float gy;
  float gz;
  float tp;
} Data_t;

TaskHandle_t periodicHandle = NULL;
void setup() {
  // put your setup code here, to run once:
  Serial.begin(9600);

  xQueue = xQueueCreate(5, sizeof(Data_t));
  xTaskCreate(taskSensing, "taskSensing", 512, NULL, 1, NULL);
  xTaskCreate(taskShowData, "taskShowData", 512, NULL, 1, NULL);
}

void loop() {
  // put your main code here, to run repeatedly:
  delay(1);
}

void taskSensing(void *pvParameters){
  Wire.begin();
  Wire.beginTransmission(MPU6050_ADDR);
  Wire.write(0x6B);
  Wire.write(0);
  Wire.endTransmission(true);

  while(1){
    Data_t data;
    Wire.beginTransmission(MPU6050_ADDR);
    Wire.write(MPU6050_AX_ADDR);
    Wire.endTransmission(false);
    Wire.requestFrom(MPU6050_ADDR, MPU6050_READ_NUM, true);
    int16_t ax=Wire.read()<<8 | Wire.read();
    int16_t ay=Wire.read()<<8 | Wire.read();
    int16_t az=Wire.read()<<8 | Wire.read();
    int16_t tp=Wire.read()<<8 | Wire.read();
    int16_t gx=Wire.read()<<8 | Wire.read();
    int16_t gy=Wire.read()<<8 | Wire.read();
    int16_t gz=Wire.read()<<8 | Wire.read();

    data.tp = ((float)tp + 12412.0) / 340.0;
    data.ax = ax / 16384.0;
    data.ay = ay / 16384.0;
```

```
    data.az = az / 16384.0;
    data.gx = gx / 131.0;
    data.gy = gy / 131.0;
    data.gz = gz / 131.0;

    if(xQueueSend(xQueue, &data, 0) != pdPASS){
      Serial.println("no queue space.");
    }
    delay(100);
  }
}

void taskShowData(void *pvParameters){
  while(1){
    Data_t data;
    if(xQueueReceive(xQueue, &data, 0) == pdPASS){
      Serial.print(" ax= "); Serial.print(data.ax);
      Serial.print(" ay= "); Serial.print(data.ay);
      Serial.print(" az= "); Serial.print(data.az);
      Serial.print(" gx= "); Serial.print(data.gx);
      Serial.print(" gy= "); Serial.print(data.gy);
      Serial.print(" gz= "); Serial.print(data.gz);
      Serial.print(" temp= "); Serial.print(data.tp);
      Serial.println();
    }
    else {
      // no queue
    }
    delay(10);
  }
}
```

＊

実行すると、以下に示すように「加速度」「角速度」「温度」が、それぞれ「シリアル・モニタ」で確認できます。

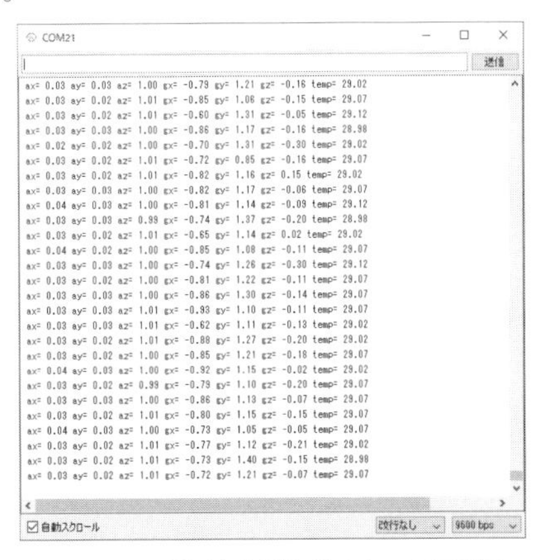

図4-4-2　「加速度」「角速度」の表示結果

■「加速度」を「ロボット制御」に使ってみる

ここでは簡単な例として、ロボットの「重心位置」に固定された「加速度センサ」を用いた場合に、ロボット全体が期待した姿勢(向き)となっていない場合について考えます。

「サーボ・モータ」で正しい姿勢に戻せる範囲内であれば、正しい状態に戻す動作を実行します。

姿勢を取り戻すことができない状態の場合は、全「サーボ」の「トルク」を下げて、安定した状態になるまで待機することが可能です。

また、「加速度センサ」を使うことで、ロボット全体を静止させているはずなのに、“ブルブル”と震える動作を検出できます。

特に「トルク」の強い「サーボ」を使っている場合は、地面に設置している近くの「サーボ」の「トルク」を若干下げるように設定することで、“ブルブル”とした振動は収まります。

姿勢を保つことと、安定して(震えがないこと)バランスを「加速度センサ」で「フィードバック制御」するといいでしょう。

*

「フィードバック制御」においては、**「PID制御」**を用いることが一般的です。

「PID制御」の係数は「ロボットの構造」「センサの実装位置」「サーボ特性、好み」※によって合わせ込みます。

「PID制御」については、**第5章**を参照してください。

※筆者はこの「好み」が非常に大切だと思います。
ロボットの個性として表現できるので、楽しみながらチューニングしています。

■「角速度」をロボット制御に使ってみる

「カー・ナビゲーションシステム」には、「ジャイロ・センサ」が古くから用いられています。

これは、単純に車の走行情報だけでは地図情報から外れるため、実際の動作結果を「角速度」が取得できる「ジャイロ・センサ」を用いて補正をかけるものです。

「ロボット」の制御においても、この考えを使うことが有効です(「自動車」は、「ロボット」とも言えますね)。

「2足歩行ロボット」「自動車型の自動搬送ロボット」、「重機」などのような「キャタピラ移動ロボット」が傾斜面を走行する場合は、まっすぐに進めないことがあります。

“まっすぐに進めない”ということは、ロボットの「重心」に対して進行方向に垂直な軸に回転する動きを、「ジャイロ・センサ」によって「角速度 情報」として取得できます。

この「角速度 情報」をもとに、「前進 動作」の左右バランスを変えることで、まっすぐに進むことができるようになります。

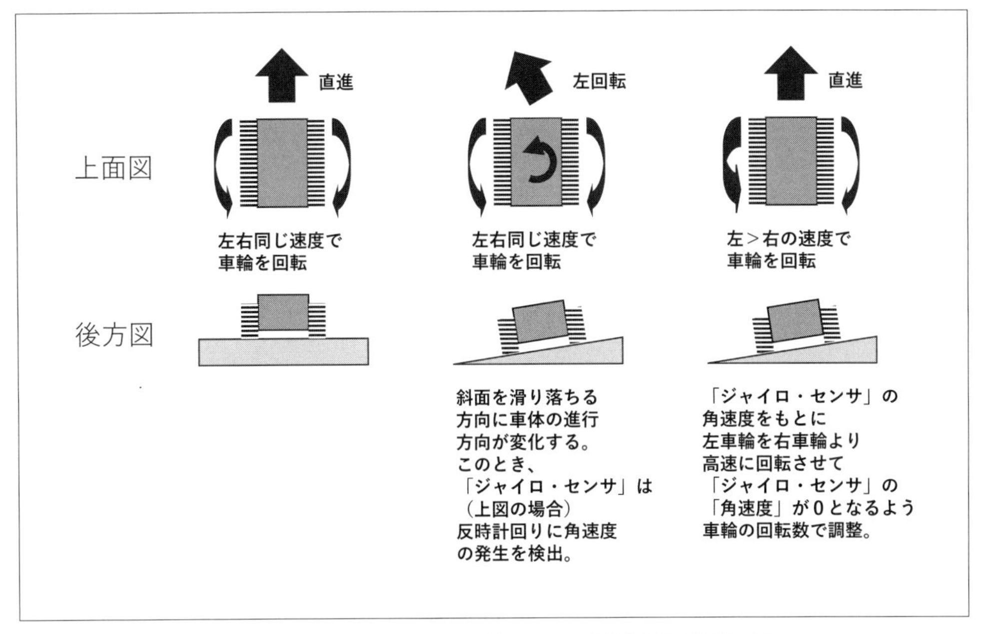

図4-4-3　「ジャイロ・センサ」情報による「前進制御補正」の例

斜面を動く「キャタピラ移動ロボット」を例に、「補正」の方向を示します。

「補正」には、「加速度センサ」同様、「PID制御」を用いるとスムーズな動きとなりますが、「瞬時角速度情報」だけを用いても、それなりの「補正」になる場合があります。

第5章

「モータ」を制御してみよう

本章では、これらの(A)「モータ」を回転させること、(B)「モータの角度情報」を取得することの2点を中心に、「モータの制御方法」を紹介します。

5-1 「2相DCモータ」の「回転 制御」

一般的な「モータ」の回転には、「コイル」に「磁界」を生成するための「電流 制御」が必要です。

マイコンによって「モータ」を「回転 制御」をするにあたって、この「電流 制御」を電圧の「ON/OFF周期の設定」――つまり、「パルス幅 変調信号」(PWM信号)によって、電流の“大きさ”と“向き”を制御するのが一般的です。

また、「サーボ」のように目的の位置で止める(保持する)には、「モータの角度情報」を得るために、「ロータリ・エンコーダ」や、「ポテンショ・メータ」などが使われます。

*

「直流 電池」をつなぐだけで回転する「2相DCモータ」は、世界中で多くの商品に使われています。

(A)「安価に製造できる」点と、(B)「動作に必要な制御回路が単純」――なため、小型の商品に多く使われるようになりました。

この節では、「マイコン」による「2相DCモータ」の「回転制御」方法を紹介します。

■「モータ」を1方向に回してみよう

図5-1-1にモータを1つの「Nch MOSFET」で制御する場合の「回路図」と、その(a)「制御信号」と(b)「モータ」に流れる「電流」の関係――を示します。

*

モータには、「VM」の「電圧が印加する時間」を、モータの電流を「ローサイド」(GND)側の「ON/OFF」で制御します。

このようにすることで、「マイコンの出力端子」は、「GND」に対して「H/L」の信号を出力して制御できます。

ここで用いる「Nch MOSFET」は低い「ON抵抗」で、「MCU」の動作電圧以下のゲート電圧でスイッチングできるものを選択するといいです。(**例**：ルネサスエレクトロニクス製 RJK1008DPP)。

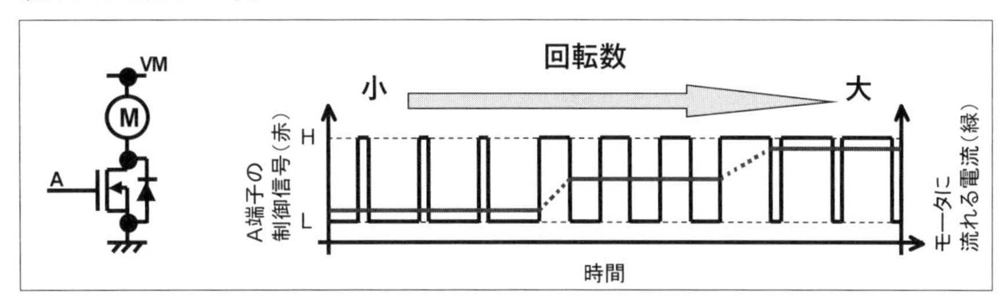

図5-1-1　1つの「PWM信号」で電流制御して回転数を変化させる

■「モータを回すためのソフト」を記述する

4つの「PWM信号」を出力することで、モータを回転させるプログラムを、**リスト5-1-1**に示します。

ここでは、「アナログチャネル0～3」の値を、「**回転スピード**」として扱います。

リスト5-1-1　4つのモータを回すための「Sketch」ソースリスト

```
#include <Arduino.h>
#include <PPG.h>

uint32_t  motor_speed[4];
uint32_t  motor_pwm_cycle = 500;  // 500[micro-second]

void    setup()
{
  PPG.begin(true, true, true, true, motor_pwm_cycle, 0b0000);
  PPG.setTrigger(0, 0, 0);
  PPG.setTrigger(1, 0, 0);
  PPG.setTrigger(2, 0, 0);
  PPG.setTrigger(3, 0, 0);
  PPG.start();
}
void    calc_speed()
{
  // 例えば、アナログチャネル 0~3 の値をスピードとする場合
  motor_speed[0] = map(analogRead(A0), 0, (1U<<12),
            0, motor_pwm_cycle);
  motor_speed[1] = map(analogRead(A1), 0, (1U<<12),
            0, motor_pwm_cycle);
  motor_speed[2] = map(analogRead(A2), 0, (1U<<12),
            0, motor_pwm_cycle);
  motor_speed[3] = map(analogRead(A3), 0, (1U<<12),
            0, motor_pwm_cycle);
}
```

```
void  loop()
{
  calc_speed();
  PPG.setTrigger(0, 0, motor_speed[0]);
  PPG.setTrigger(1, 0, motor_speed[1]);
  PPG.setTrigger(2, 0, motor_speed[2]);
  PPG.setTrigger(3, 0, motor_speed[3]);
  PPG.enableTrigger();
  delay(100);  // 高速に処理を回しても仕方ないので100ミリ秒待機
}// EOF
```

■ モータを「双方向」に回す

モータの「回転方向」を変えるには、「モータに流す電流」を"**逆転**"させる必要があります。

これを実現するための回路は、**図5-1-2**のようになります。

このとき、「制御回路含め電流が流れる経路」と「モータのインダクタンス」を配慮し、スイッチング制御するタイミングで、**「デッドタイム」**※を設定する配慮が必要です。

※貫通電流を抑制するための「MOSFET」が、同時に「ON」とならないようにする時間

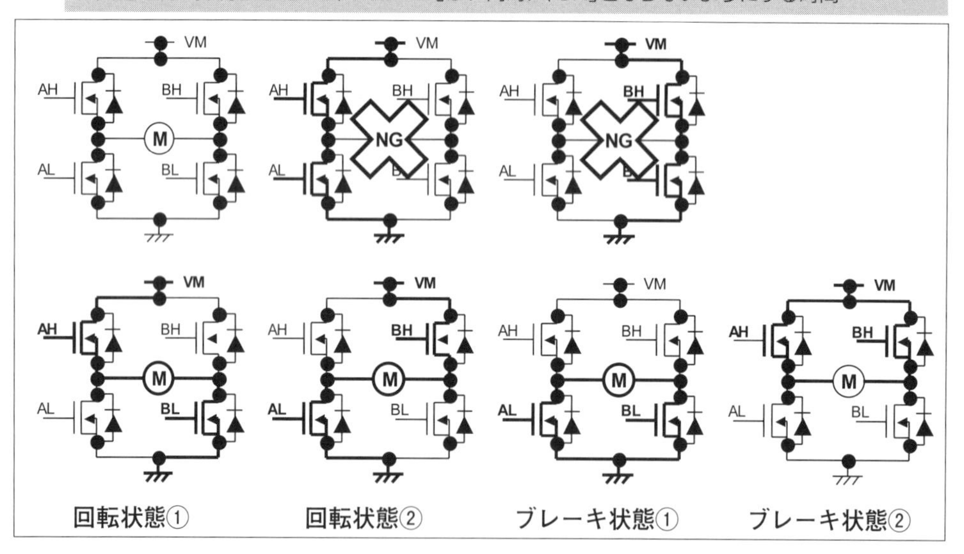

図5-1-2　モータの双方向回転制御のための回路図と電流制御例(太線が電流経路)

「禁止状態」は、「AH=AL=H」と「BH=BL=H」です。

これは、「VM」と「GND」間のトランジスタがショートして燃えるからです。

＊

「AH=BL=H(AL=BH=L)」と「BH=AL=H (AH=BL=L)」によって、モータは双方向に回転します。

この状態を交互に行なうことで、連続した「加減速」と「方向の変更」が可能となります。

特に無負荷の状態であれば、2つの状態の比率が「1:1」のとき、モータは回転せずに

停止します。

＊

最近は、マイコンで「デッドタイム」を設定しなくても、「MOSFET」の特性を配慮した制御回路付きの「モータ・ドライバ」が各メーカーから販売されています。

それを使うと、簡単に双方向「回転制御」が実現できます。

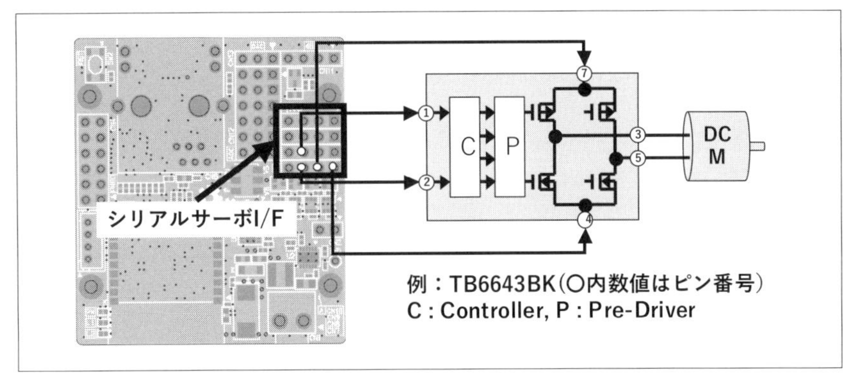

図5-1-3　「モータ・ドライバIC」とモータ接続例

東芝製「RB6643BK」は、「内蔵MOSFET」で「貫通電流」が発生しない制御のほか、「プリドライバ」によって、廃サイドの「MOSFET」のスイッチングも、外付け部品なく実現できます。

ただし、電源電圧が10V以上と高いため、低電圧仕様のモータなどは注意が必要です。

■モータを「双方向」に回すためのソフトを記述する

2つの「PWM信号」を同期して、「PWM信号」を出力することでモータを回転させます。

今回は、2対ぶんを記述したコードを、リスト5-1-2に示します。

＊

「PPG.begin()」の最後の引数(「出力極性」を指定)にて、対とする出力端子の極性を「0」(正転)と「1」(反転)を指定します。

「PPG.setTrigger()」の時間指定も、同じ値を対ごとに指定することで、1つのモータを回転制御できます。

＊

なお、「2相PWM出力」によるモータ制御の場合は、「デューティー」が「1：1」の場合に静止状態になります。

そのため静止させたい場合は、「PPG.setTrigger(n,0,0,false);」と誤って記述しないようにしましょう。

「setup()」の指定方法で、モータが無負荷時に回転を止めることができます。

リスト5-1-2 「2相PWM出力」による2つのモータ制御プログラム例(デッドタイムなしの場合)

```
#include <Arduino.h>
#include <PPG.h>

uint32_t  motor_speed[2];
uint32_t  motor_pwm_cycle = 500;  // 500[micro-second]

void    setup()
{
  PPG.begin(true, true, true, true, motor_pwm_cycle, 0b0101);
  PPG.setTrigger(0, 0, motor_pwm_cycle / 2);
  PPG.setTrigger(1, 0, motor_pwm_cycle / 2);
  PPG.setTrigger(2, 0, motor_pwm_cycle / 2);
  PPG.setTrigger(3, 0, motor_pwm_cycle / 2);
  PPG.start();
}
void    calc_speed()
{
  // 例えば、アナログチャネル 0~3 の値をスピードとする場合
  motor_speed[0] = map(analogRead(A0), 0, (1U<<12),
              0, motor_pwm_cycle);
  motor_speed[1] = map(analogRead(A1), 0, (1U<<12),
              0, motor_pwm_cycle);
}
void  loop()
{
  calc_speed();
  PPG.setTrigger(0, 0, motor_speed[0]);
  PPG.setTrigger(1, 0, motor_speed[0]);
  PPG.setTrigger(2, 0, motor_speed[1]);
  PPG.setTrigger(3, 0, motor_speed[1]);
  PPG.enableTrigger();
  delay(100);  // 高速に処理を回しても仕方ないので100ミリ秒待機
}
// EOF
```

*

「デッドタイム」をソフトで設定する場合の例を、**リスト5-1-3**に示します。

この「サンプル・コード」では、「PWM出力」の極性をすべて揃えます。

「PPG.setTrigger()」の時間指定の際に「デッドタイム」を考慮して、出力状態が「HIGH」となる時間を短くするように指定することで実装します。

リスト5-1-3 「2相PWM出力」による2つのモータ制御プログラム例（デッドタイムありの場合）

```
#include <Arduino.h>
#include <PPG.h>

uint32_t  motor_speed[2];
uint32_t  motor_deadtime = 1;
uint32_t  motor_pwm_cycle = 500;  // 500[micro-second]

void    setup()
{
  PPG.begin(true, true, true, true, motor_pwm_cycle, 0b0000);
  PPG.setTrigger(0, motor_deadtime,
        motor_pwm_cycle / 2 - motor_deadtime);
  PPG.setTrigger(1, motor_pwm_cycle / 2 + motor_deadtime,
        motor_pwm_cycle - motor_deadtime);
  PPG.setTrigger(2, motor_deadtime,
        motor_pwm_cycle / 2 - motor_deadtime);
  PPG.setTrigger(3, motor_pwm_cycle / 2 + motor_deadtime,
        motor_pwm_cycle - motor_deadtime);
  PPG.start();
}
void    calc_speed()
{
  // 例えば、アナログチャネル 0, 1 の値をスピードとする場合
  uint32_t  motor_range;

  motor_range = motor_pwm_cycle - motor_deadtime * 2U;
  motor_speed[0] = map(analogRead(A0), 0, (1U<<12),
              0, motor_range);
  motor_speed[1] = map(analogRead(A1), 0, (1U<<12),
              0, motor_range);
}
void  loop()
{
  calc_speed();
  PPG.setTrigger(0, motor_deadtime,
        motor_speed[0] - motor_deadtime);
  PPG.setTrigger(1, motor_speed[0] + motor_deadtime,
        motor_pwm_cycle - motor_deadtime);
  PPG.setTrigger(2, motor_deadtime,
        motor_speed[1] - motor_deadtime);
  PPG.setTrigger(3, motor_speed[1] + motor_deadtime,
        motor_pwm_cycle - motor_deadtime);
  PPG.enableTrigger();
  delay(100);  // 高速に処理を回しても仕方ないので100ミリ秒待機
}
// EOF
```

5-2 モータの「回転数」と「回転角度」の取得

「減速ギア」と「ロータリ・エンコーダ」付きの「DCモータ」が、安価で手に入るようになりました。

「ロータリ・エンコーダ」は、「計装 係数 測定」の機能を使うことで、CPUを介さずに「回転数」と「回転角度」を取得できます。

本章では、「割り込み処理」で実装するポイントを紹介します。

■「ロータリ・エンコーダ」とは何か

一般に「ロータリ・エンコーダ」は、「減速ギア軸」や「モータ軸」に磁石を取り付け、モータ本体に、90度の位置関係に固定した2つの「ホール・センサ」(磁気センサ)の情報を、「A相」「B相」として取得します。

＊

「A相」に対して「B相」のセンサが前後どちらで反応するかによって、「回転方向」が分かります(図5-2-1)。

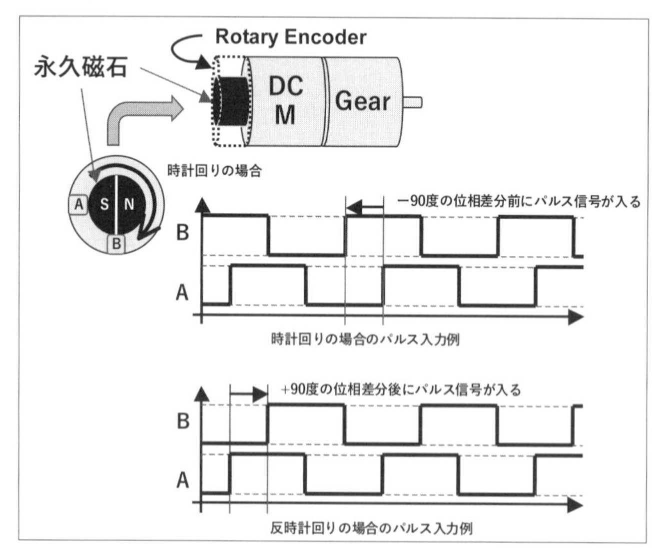

図5-2-1 「ロータリ・エンコーダ」の設置位置と「出力パルス情報」の関係

センサの反応を、「A相」と「B相」の「立ち上がりエッジ」とすると、「回転方向」が分かります。

また、「A相」と「B相」の「パルス回数」を数えることで、回転数が把握できます。

＊

図5-2-2では説明のために磁石を「N/S極」に各1つずつとしています。

実際の製品では、この「N/S極」の数が多く配置されており、細かな「回転角度」(位置)を把握できるようになっています。

また、「減速ギア」の出力軸に「ロータリ・エンコーダ」をつけることで、出力軸に対する「角度」(位置)把握ができる製品もあるため、「ロータリ・エンコーダ」の取り付け軸については、製品ごとに確認して「プログラム・コード」に反映する必要があります。

■「ロータリ・エンコーダ」の信号を読み取ろう

信号の理屈が分かったところで、ソフトの実装を考えてみましょう。

＊

「A相」の信号を基準に、「B相」の信号の状態が「H/L」の何れかを判断することで、回転方向が分かります。

また、「A相」の「立ち上がりエッジ」のみならず、「立ち下がりエッジ」においても「B相」の状態を確認することで、「回転角度」(位置)の制度が倍増します。

同様に、「B相」を基準に「A相」の状態を把握することで、さらに「分解能」を倍増できます。それを図5-2-2に示します。

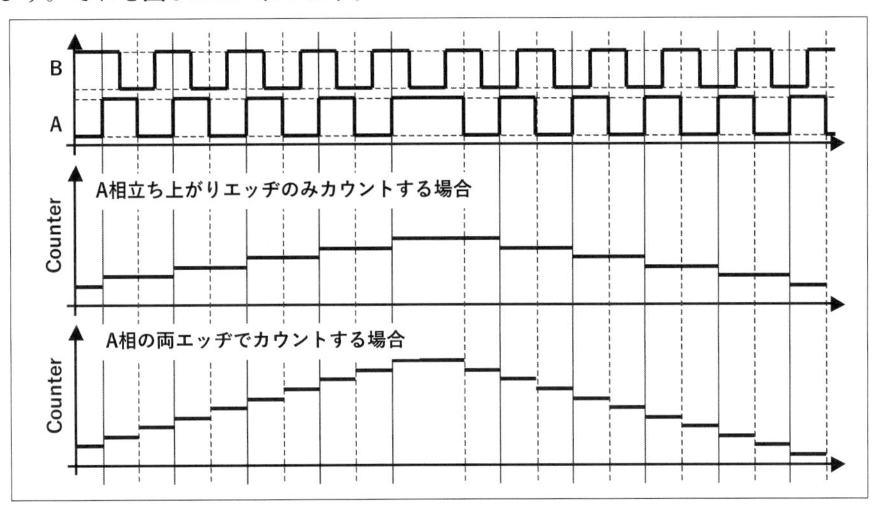

図5-2-2　「A相」を基準に「B相」の状態で「カウント・アップ／ダウン」の計数

「A相」の割り込み時に、「B相がH状態」の場合に「**カウント・アップ**」と「L状態の場合」に「**カウント・ダウン**」と定義した場合、「A相の割り込み」を「**立ち上がりエッジのみとする場合**」と、「両エッジ(「立ち上がり」と「立ち下がり」)とした場合」、上図のように分解能が向上します。

「ソフトによる実装」のため、「高速に回転する場合」は「割り込み頻度」が高くなり、「CPUの負荷」が増えます。

そのことを、充分考慮した上で、選択して使うようにしましょう。

＊

この動作を「ハード」で実装した方法が、「**位相 計数 測定**」という手法です。

「GR-ROSE」の場合、その「位相 計数 機能端子」が「汎用ピン」として使えません。

＊

本節では、「A相の割り込み機能」(IRQ)時の「B相の状態確認」をするソフトを記述して、モータの「回転角度」(位置)を把握します。

それを実装したコードが、**リスト5-2-1**です。

「ロータリ・エンコーダ」の1回転あたりのカウント数が少ない場合は、「立ち上がり」と「立ち下がり」の「両エッジの割り込み」によって「回転位置の分解能」を上げることができます(リスト5-2-2)。

リスト5-2-1 「割り込み」による「位相 係数 測定」のプログラム例(立上りエッジ検出のみ)

```
#include <Arduino.h>

int32_t   rotenc_count[2] = {0, 0};

void  irq2_RotEnc_RisingEdge(void)
{
  rotenc_count[0] += (HIGH == digitalRead(0)) ? (+1) : (-1);
}
void  irq3_RotEnc_RisingEdge(void)
{
  rotenc_count[1] += (HIGH == digitalRead(4)) ? (+1) : (-1);
}
void  init_RotEnc_RisingEdge(void)
{
  pinMode(0, INPUT_PULLUP);
  attachInterrupt(2, irq2_RotEnc_RisingEdge, RISING);
  pinMode(4, INPUT_PULLUP);
  attachInterrupt(6, irq3_RotEnc_RisingEdge, RISING);
}
void  setup()
{
  init_RotEnc_RisingEdge();
}
void  loop()
{
  // nothing to do
}
// EOF
```

リスト5-2-2 「割り込み」による「位相係数 測定」のプログラム例(両エッジ検出)

```
#include “Arduino.h”

int32_t   rotenc_count[2] = {0, 0};

void  irq2_RotEnc_BothEdge(void)
{
  if(((LOW == digitalRead(2)) && (LOW == digitalRead(0)))
  || ((LOW != digitalRead(2)) && (LOW != digitalRead(0)))) {
    rotenc_count[0]++;
  } else {
```

```
    rotenc_count[0]--;
  }
}
void  irq3_RotEnc_BothEdge(void)
{
  if(((LOW == digitalRead(6)) && (LOW == digitalRead(4)))
  || ((LOW != digitalRead(6)) && (LOW != digitalRead(4)))) {
    rotenc_count[1]++;
  } else {
    rotenc_count[1]--;
  }
}
void  init_RotEnc_BothEdge(void)
{
  pinMode(0, INPUT_PULLUP);
  attachInterrupt(2, irq2_RotEnc_BothEdge, RISING);
  pinMode(4, INPUT_PULLUP);
  attachInterrupt(6, irq3_RotEnc_BothEdge, RISING);
}
void  setup()
{
  init_RotEnc_BothEdge();
}
void  loop()
{
  // nothing to do
}
// EOF
```

5-3 モータの「回転 角度」と「回転 速度」の制御

「モータの回転角度」を知ることができると、次は「サーボ・モータ」のように、指定した角度で保持するようにしたくなります。

本節では、「角度情報」からフィードバックしてモータを回し、「指定した位置で停止」する（釣り合う）ように制御する仕組みを紹介します。

■「フィードバック制御」と「PID制御」

回転している「モータ」が目的の位置に到達したとき止める動作をしても、回転は急には止まりません。

所望の回転角より少し回りすぎた（「オーバーシュート」した）ところで停止することになります。

また、「回転速度」を遅くすると、「回りすぎ」を抑制できます。

＊

このように、感覚的に目的位置で止める場合は、**「PID制御」**（比例＋積分＋微分）を加えることで、所望の角度で停止できるようになります。

この制御は、モータに負荷がかかっている場合でも適用できるため、広く使われています。

＊

次に、「モータ」と「ロータリ・エンコーダ」の制御部を含めた制御図を、**図5-3-1**に示します。

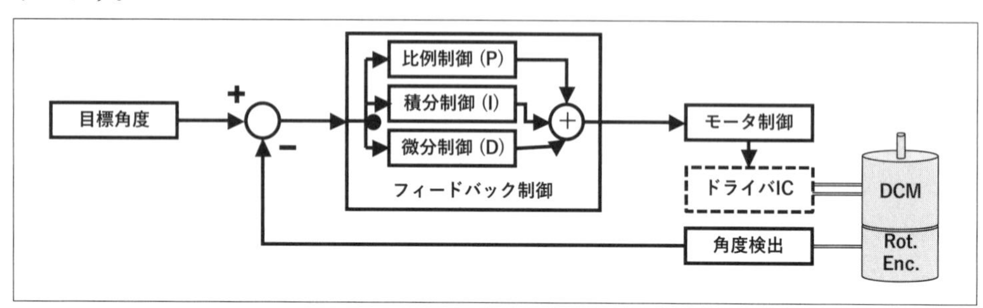

図5-3-1 「目標角度」に対しての「制御フィードバック」の例

モータの「角度情報」をもとに、「目標角度」との「差分情報」を割り出します。

そこに、**「比例制御＋積分制御＋微分制御」**を加えて、次のモータ制御指示に反映させます。

この「ループ」によって、「モータ」は、「負荷」にかかわらず、「目的の位置」で停止するように動作させることができます。

この制御において、モータ回転に対して負荷が生じている場合、「目的の角度」近辺で**「発振 動作」**（振動）することがあります。

そういうときは、**「フィードバック制御」**において、ある一定値以下の角度差があると、「制御を維持する」(停止する)、または「フィードバックを弱める」制御を加えることで、「発振」を止めることができます。

*

一定角度で止める場合に加えて、一定の速度で回転し続ける制御を行なう場合は、角度情報を「時間微分」することで、「回転速度」を出すことができます。

「一定速度」で回り続ける「制御ループ」を、**図5-3-2**に示します。
「微分器」を入れること以外は、同じ「制御ループ」となります。

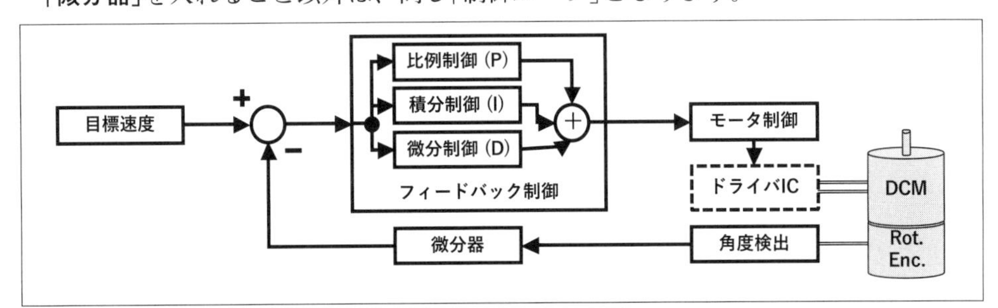

図5-3-2　目標速度で回り続ける「フィードバック制御」の例

「PID制御」に関する詳しい書籍やWebサイトは多数あるので、興味をった方はさまざまな応用事例とともに、技術を習得するとよいと思います。

5-4　「2相ステッピング・モータ」の回転制御

「2相DCモータ」と同じように、「パルス制御するモータ」として「ステッピング・モータ」があります。

「ステッピング・モータ」は、「パルス」を与えるとモータ固有の「ステップ角度」だけ回転するように設計されています。
「2相ステッピング・モータ」の場合、「A相」「B相」「/A相(Aの反転相)」「/B相」の4相によって、「回転速度」と「方向」を制御します。

*

マイコンから4相出力してもいいのですが、「GR-ROSE」では端子に制限があります。
そのため、本節では「ステッピング・モータ制御用IC」を用いて、「2相で回転制御する方法」を紹介します。

*

「2相ステッピング・モータ」には、「ユニポーラ型」と「バイポーラ型」の2種類があります。

いずれの場合も、「コイル」で「モータ」に「磁界」を発生させ、その「磁界の向き」と「比率」を変えることで「回転方向」を決めます。

そのときの「制御信号」は、図5-4-1となります。

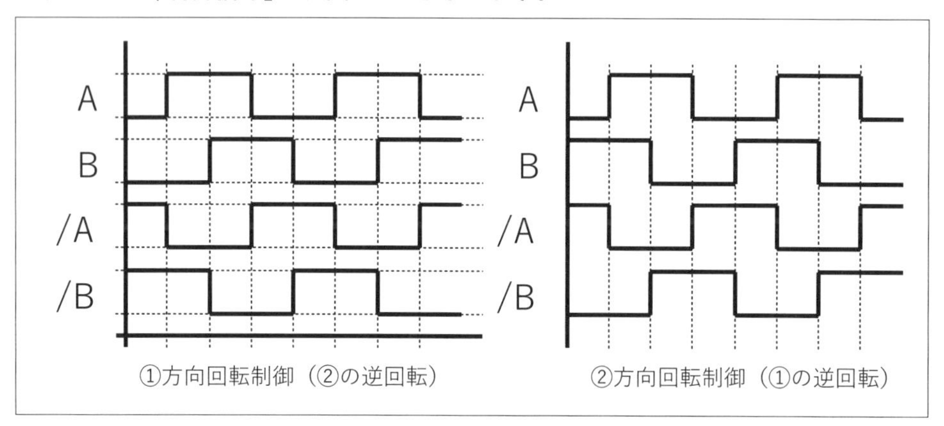

図5-4-1 「2相ステッピング・モータ」の「制御信号」例

「A相」「B相」「/A相」「/B相」の4相において、「A相」に対して「B相」のパルスの方向によって「回転方向」が、「パルスの周期」（制御周波数）によって「回転速度」が決まります。

「短周期」になるほど、速く回転させることが可能です。

■「2相ユニポーラ型」の「ステッピング・モータ」

図5-4-2に示すように、「2相ユニポーラ型」の「ステッピング・モータ」は「電源電圧」に対して、各相の「NchMOSFET」を「ON」にすることで「コイル」に「電流」を流し、「磁界」を発生させます。

＊

「制御信号」は、図5-4-2の通りです。

後述する「2相バイポーラ型」に比べると「コイルの巻き数」が半減するため、「トルク」が弱くなります。

特に「低い回転数」の場合に、この現象は現われます。

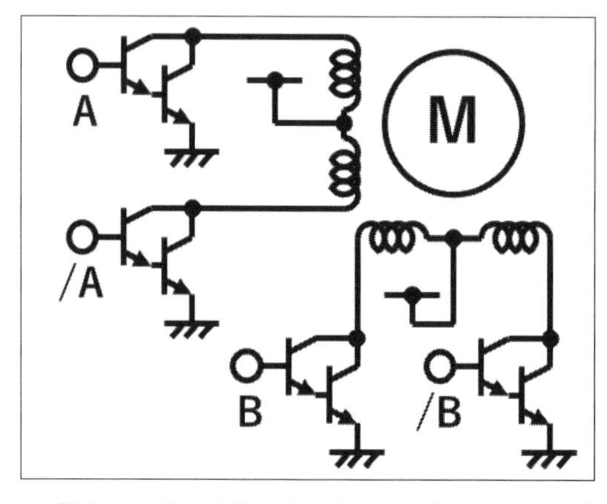

図5-4-2 「2相ユニポーラ型」の「ステッピング・モータ」の制御回路例

4つの「ダーリントン・トランジスタ」で制御します。

4相「A」「/A」「B」「/B」に対して、図5-4-2の制御信号のとおりに「ON/OFF信号」を送ることで「ステッピング・モータ」は回転します。

*

ここでは、東芝製「TBD62083APG」を用いて、具体的に「2相ユニポーラ型」の「ステッピング・モータ」を制御する回路を紹介します。

この製品は、「ダーリントン・トランジスタ」を8個搭載した「アレー・ユニット」で、ロジック電源を「5V」、モータ電圧が「50V」と非常に高い電圧まで制御可能です。

しかし、1端子あたりの出力電流は500mA以下の制限があります。

「パルス信号」は2本で双方向の回転制御ができるように、「2chぶん」で反転信号を生成します。

*

実際の結線例を、図5-4-3に示します。4相の結線順番に注意して結線してください。

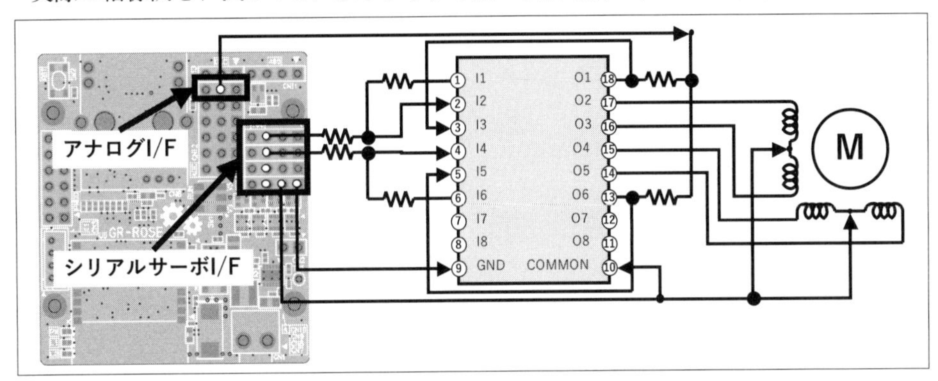

図5-4-3 「2相ユニポーラ型」の「ステッピング・モータ」の制御回路結線例

「TBD62083APG」(東芝製)による「2相ユニポーラ型ステッピング・モータ」の制御回路例です。

図中の抵抗は、「1k〜10kΩ」程度です。

この回路を2セット作ることで、「ステッピング・モータ」を2つ制御できます。

■「2相バイポーラ型」の「ステッピング・モータ」

「2相バイポーラ型」の「ステッピング・モータ」は、「ユニポーラ型」と異なり、1つの「コイル」に対して「双方向」に電流を流します。

そうすることで、「1つのコイル」で「双方向」に「磁界」を発生させて、「モータ回転制御」をするのです。

“双方向に電流を流す”という点で、「2相DCモータ」の制御回路と同じ制御が求められます。

しかし、低い回転数までリニアに制御ができる点では、複雑かつ細かな制御を求められる商品には、「バイポーラ型」がよく使われています。

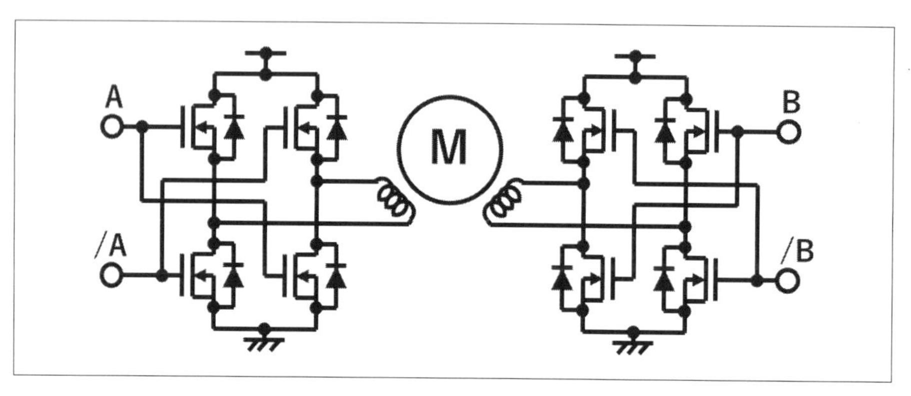

図5-4-4 「2相バイポーラ型」の「ステッピング・モータ」の制御回路例

1つのコイルに対して双方向に電流を流し、双方向の「磁界」を生成させて制御します。

そのため、「2相DCモータ」の制御と同じく、「A相」と「/A相」は同時に「ON」の状態にしてはいけません。

この点が、「ユニポーラ型」に加えて制御が複雑になる点です。

＊

ここでは、東芝製「TB6674PG」を用いて、具体的に「2相バイポーラ型」の「ステッピング・モータ」を制御する回路を紹介します。

この「ドライバIC」は、電源を「5V」、モータ電圧が「8V～22V」である必要がありますが、「パルス信号」はこの2本で双方向の回転制御が可能です。

＊

実際の結線例を、図5-4-5に示します。

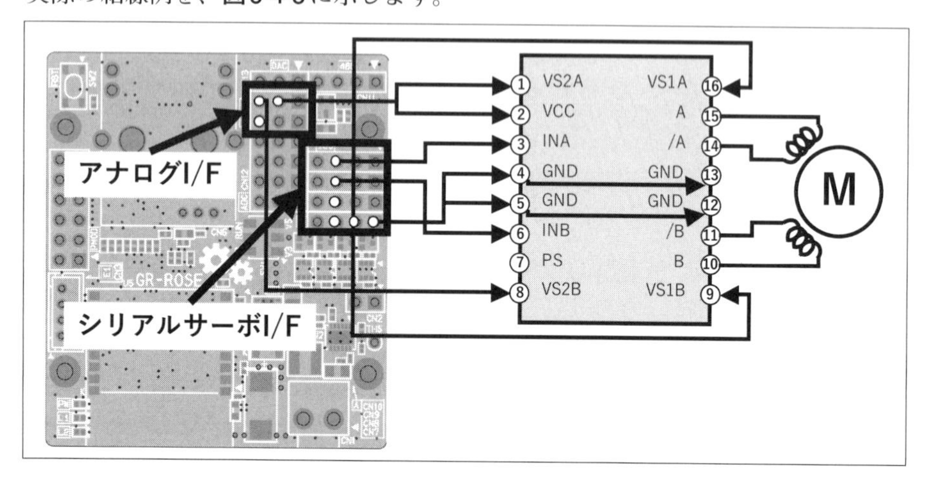

図5-4-5 「2相バイポーラ型」の「ステッピング・モータ」の制御回路結線例

東芝製「TB6674PG」を用いると、「2相バイポーラ型」の「ステッピング・モータ」は、2相の「パルス信号」と、1本の「IC制御信号」のみで制御ができます。

この構成をもう1組用意することで、2組の「ステッピング・モータ」を制御できます。

リスト5-4-1　2相バイポーラ型ステッピング・モータ制御プログラム例

```
#include <Arduino.h>
#include <Stepper.h>

uint32_t  stepper_resolution = 500;  // steps per resolution
uint32_t  stepper_max_speed  = 250;  // maximum speed
int32_t    stepper_speed[2];

Stepper Stepper0(stepper_resolution, 1,3);
Stepper Stepper1(stepper_resolution, 5,7);

void    setup()
{
  // nothing to do
}
void    calc_angle()
{
  // 例えば、アナログチャネル 0,1 の値を回転設定値とする場合
  stepper_speed[0] = map(analogRead(A0), 0, (1U<<12),
        -stepper_max_speed, stepper_max_speed);
  stepper_speed[1] = map(analogRead(A1), 0, (1U<<12),
        -stepper_max_speed, stepper_max_speed);
}
void  loop()
{
  calc_angle();
  if(0 < stepper_speed[0]) {
    Stepper0.setSpeed(stepper_speed[0]);
    Stepper0.step(stepper_resolution);
  }
  else if(0 > stepper_speed[0]) {
    Stepper0.setSpeed(-stepper_speed[0]);
    Stepper0.step(-stepper_resolution);
  }
  if(0 < stepper_speed[1]) {
    Stepper1.setSpeed(stepper_speed[1]);
    Stepper1.step(stepper_resolution);
  }
  else if(0 > stepper_speed[1]) {
    Stepper1.setSpeed(-stepper_speed[1]);
    Stepper1.step(-stepper_resolution);
  }
  delay(500);  // 高速に処理を回しても仕方ないので500ミリ秒待機
}
// EOF
```

5-5 「ラジコン・サーボ」の制御

「ラジコン・サーボ」は、4輪自動車の「ラジコン」の進行方向を左右に向きを変えるために、「プロポ」からの「パルス幅変調信号」(PWM 信号：Pulse Width Modulation)を受けて、角度制御できるように作られています。

本節では、マイコンによって「サーボ角度」を制御する方法を紹介します。

■「ラジコン・サーボ」の制御方法

「ラジコン・サーボ」の制御周期は、メーカーや製品によってさまざまですが、「パルス幅変調信号」は、「1.5ミリ秒」を中心に、「±0.8ミリ秒」の「パルス信号」が一般的です。

「サーボ」はその信号を受けて、出力軸の角度を「時計回り」または「反時計回り」の回転動作をします。

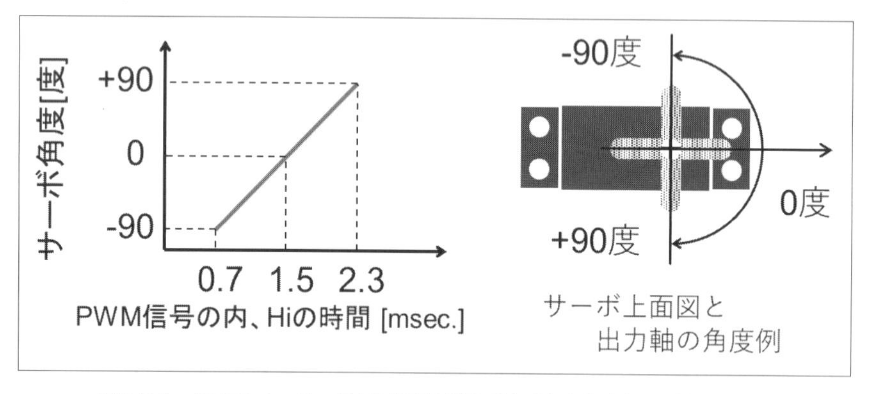

図5-5-1 「ラジコン・サーボ」の「PWM信号」と「出力角度」の関係について

図5-5-1は、「±90度回転するサーボ制御信号」と、その「動作例」です。

「パルス幅変調信号」(PWM)の「Hi」状態の時間によって、「サーボの角度」を設定できます。

*

「ラジコン・サーボ」は、通例、「電源線」(プラス／マイナス端子)と「PWM信号線」の3線によって構成されています。

*

メーカーによって、サーボ接続ケーブルの配列が異なるので、使っている「サーボ」に合わせて接続してください。

「電源線」の「マイナス端子」は、「PWM信号」の「GND線」と共通です。

*

また、「ラジコン・サーボ」への「PWM信号」の「周波数」(パルス送信の周期)は、「サーボの角度設定を行なう周期」となるので、“「周波数」が小さいほどトルクを大きく発生”させ、“「周波数」が大きいほどトルクを小さくする”ような動きをします。

そのため、「ラジコン・サーボ」は**「アナログ・サーボ」**ともいわれ、「周波数」を変えることで、"柔らかい動き"を作り出せます。

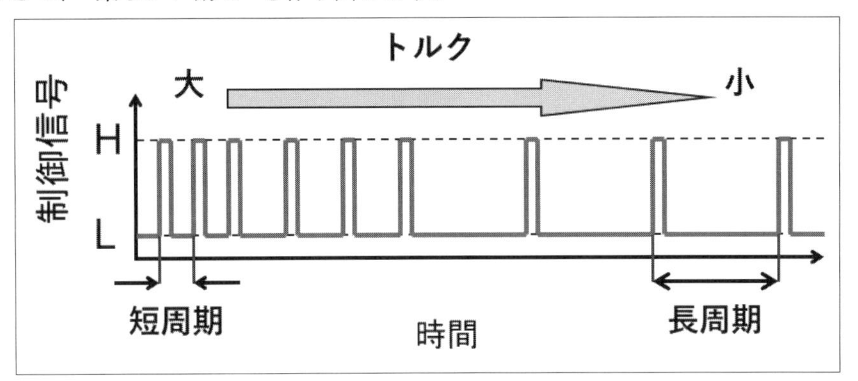

図5-5-2 「ラジコン・サーボ」の制御周期とトルク制御イメージ

同じ「PWM幅」の信号でも、「出力周期が短時間」であれば「トルクは大きく」、「長時間」になるにつれて「トルクが弱まる」動作となります。

これを利用して、「急激な外力」を「柔らかく吸収」する動作ができます。
メーカーにもよりますが、最小短周期は「20ミリ秒」程度とするのが一般的なようです。

＊

リスト5-5-1は、「ラジコン・サーボ」の制御プログラムです。
「サーボ制御周期」(servo_pwm_cycle)は、「25ミリ秒」とした場合の例となります。

先の解説のとおり、「ラジコン・サーボ」は最小値「0.7ミリ秒」から最大値「2.3ミリ秒」の間のパルスによって「角度」を制御できます。
これは、角度計算「(calc_angle())」で計算します。

リスト5-5-1 4つの「ラジコン・サーボ」の制御プログラム例

```
#include <Arduino.h>
#include <PPG.h>

uint32_t  servo_angle[4];
uint32_t  servo_pwm_cycle =  25000;  // 25.0[milli-second]
uint32_t  servo_pwm_min   =    700;  //  0.7[milli-second]
uint32_t  servo_pwm_max   =   2300;  //  2.3[milli-second]

void    setup()
{
  PPG.begin(true, true, true, true, servo_pwm_cycle, 0b0000);
  PPG.setTrigger(0, 0, 0);
  PPG.setTrigger(1, 0, 0);
  PPG.setTrigger(2, 0, 0);
  PPG.setTrigger(3, 0, 0);
  PPG.start();
}
void    calc_angle()
{
  // 例えば、アナログチャネル 0~3 の値を角度とする場合
  uint32_t  servo_pwm_range = servo_pwm_max - servo_pwm_min;

  servo_angle[0] = map(analogRead(A0), 0, (1U<<12),
          servo_pwm_min, servo_pwm_max);
  servo_angle[1] = map(analogRead(A1), 0, (1U<<12),
          servo_pwm_min, servo_pwm_max);
  servo_angle[2] = map(analogRead(A2), 0, (1U<<12),
          servo_pwm_min, servo_pwm_max);
  servo_angle[3] = map(analogRead(A3), 0, (1U<<12),
          servo_pwm_min, servo_pwm_max);
}
void  loop()
{
  calc_angle();
  PPG.setTrigger(0, 0, servo_angle[0]);
  PPG.setTrigger(1, 0, servo_angle[1]);
  PPG.setTrigger(2, 0, servo_angle[2]);
  PPG.setTrigger(3, 0, servo_angle[3]);
  PPG.enableTrigger();
  delay(100);  // 高速に処理を回しても仕方ないので100ミリ秒待機
}
// EOF
```

5-6 「デジタル・サーボ」の制御

この節では、「シリアル通信」によって制御できる、「デジタル・サーボ」についてご紹介します。

「デジタル・サーボ」のコマンドは、各社で異なるので、使うサーボ・メーカーの取扱説明書やホームページなどを参考にお使いください。

ここでは、ロボティス社の「サーボ」の通信設定を、以下に示します。

シリアル通信　：Data 8bit, Parity None, Stop 1bit
通信ボーレート：9.6k, 57.6k, 115.2k, 1M, 2M, 3M, 4M, 4.5M [bps]

■通信は基本「UART方式」

「デジタル・サーボ」の「制御信号線」は、**「TTL信号」**と呼ばれる「5V信号」や、差動方式の**「RS485信号」**がありますが、いずれの場合もマイコンにおいては**「UART信号」**の取り扱いとなります。

また、「デジタル・サーボ」には「固有ID」をもっており、電力線含めた通信線を「デイジー・チェーン方式」(数珠繋(じゅずつな)ぎ結線)が使えます。

消費電力を考慮して1チェーンあたりの接続台数を決める必要がありますが、「固有ID」にて制御できる点が、「ラジコン・サーボ」との大きな違いです。

また、「電力線」を含めた「通信配線数」を減らすための工夫として、**「半二重方式」**と呼ばれる、「データ送受信 信号線」が同一となっています。

そのため、「制御側」と「マイコン側」で制御信号を送った後、「サーボ」からの応答が返ってくる場合は、**「受信状態」**として待機する必要があります。

さらに、「デイジー・チェーン」で接続した場合、複数のサーボに対して、連続して制御コマンドを送ると、応答信号が重なってしまいます。

そのため、複数の「サーボ制御」は、1つずつ送受信をする必要があります。

この「応答信号の重なり」を考慮した通信制御方式も考案されています。

*

今回、サーボの制御例として、「ID=1～4」の「RS485信号」のサーボを接続する場合のプログラムを、**リスト5-6-1**に示します。

ここでは、4つのサーボに対して連続してデータを送り、サーボからの“状態通知データなし”とする設定としました。

通信ボーレートは、「1Mbps」としています。

※なお、「IDE for GR」では、「typedef union」の部分を切り出し、新規タブを作って別の「ヘッダ・ファイル」として追加する必要があります。

リスト5-6-1 「デイジー・チェーン」でつながれた4つの「デジタル・サーボ」制御プログラム例

```
#include <Arduino.h>

typedef  union {
  uint16_t  w;
  uint8_t    b[2];
} uint16_u;

#define   DYNAINST_SYNC_WRITE    (0x83)
#define   BUF_SIZE      (64)
#define    PTR_PACKET_LEN      (5)
#define   clear_serialreadbuf()    \
      while(Serial7.available()) {Serial7.read();}

uint8_t    buf_txd[BUF_SIZE];

const uint8_t  cmdSetResponse[] = {
0xFF, 0xFF, 0xFD, 0x00,    // pre-amble
0xFE, 16, 0, DYNAINST_SYNC_WRITE,  // 254, Length(2byte), Instruction
68, 0, 1, 0,         // item(2byte), ByteSize(2byte)
1, 1, 2, 1, 3, 1, 4, 1,    // ID, (0=ping,1=ping+read,2=all) x4
0, 0          // CRC(2byte) set by calc_crc16()
};

const uint8_t  cmdSetTorque[] = {
0xFF, 0xFF, 0xFD, 0x00,    // pre-amble
0xFE, 16, 0, DYNAINST_SYNC_WRITE,  // 254, Length(2byte), Instruction
68, 0, 1, 0,         // item(2byte), ByteSize(2byte)
1, 1, 2, 1, 3, 1, 4, 1,    // ID, (0=OFF, 1=ON) x4
0, 0          // CRC(2byte) set by calc_crc16()
};

uint8_t    cmdSetPosition[] = {
0xFF, 0xFF, 0xFD, 0x00,    // pre-amble
0xFE, 32, 0, DYNAINST_SYNC_WRITE,  // 254, Length(2byte), Instruction
116, 0, 4, 0,      // item(2byte), ByteSize(2byte)
1, 0, 0, 0,         // ID, angle(2byte), 0(fixed)
2, 0, 0, 0,         // ID, angle(2byte), 0(fixed)
3, 0, 0, 0,         // ID, angle(2byte), 0(fixed)
4, 0, 0, 0,         // ID, angle(2byte), 0(fixed)
0, 0          // CRC(2byte) set by calc_crc16()
};

uint16_t  calc_CRC16(
  uint8_t    *data,
  uint16_t  length
)
{
```

```
  uint16_t  crc16 = 0;

  for(int i = 0; i < length; i++ ) {
    crc16 ^= (uint16_t)data[i] << 8;
    for(int j = 0; j < 8; j++ ) {
      if(crc16 & 0x8000) {
        crc16 = (crc16 << 1) ^ 0x8005;
      }
      else {
        crc16 <<= 1;
      }
    }
  }
  return crc16;
}

void  DYNA_formPacket(
  const uint8_t  *buf
)
{
  uint16_u  sum;
  uint16_t  len;

  len = buf[PTR_PACKET_LEN] + (PTR_PACKET_LEN + 1U);
  memcpy(buf_txd, buf, len);
  sum.w = calc_CRC16(buf_txd, len - 2U);
  buf_txd[len - 2U] = sum.b[0];
  buf_txd[len - 1U] = sum.b[1];
  Serial7.write(buf_txd, len);
}

void  DYNA_initialize( void )
{
  clear_serialreadbuf();
  DYNA_formPacket(cmdSetResponse);
  delay(20);
  clear_serialreadbuf();
  DYNA_formPacket(cmdSetTorque);
  delay(20);
  clear_serialreadbuf();
}

void  DYNA_setPosition(
  uint8_t    id,
  uint16_u  position
)
{
  cmdSetPosition[id * 4 +  9] = position.b[0];
```

```
  cmdSetPosition[id * 4 + 10] = position.b[1];
}

void  DYNA_sendGoalPosition(void)
{
  clear_serialreadbuf();
  DYNA_formPacket(cmdSetPosition);
}

void  setup()
{
  Serial7.begin(1000000);
  Serial7.direction(HALFDUPLEX);
  Serial7.setTimeout(50);
}
void  loop()
{
  uint16_u  pos;

  for(int id = 1; id <= 4; id++) {
    pos.w = analogRead(A0 + (id - 1));
    DYNA_setPosition(id, pos);
  }
  DYNA_sendGoalPosition();
  delay(100);
}
//EOF
```

Column 「PWM出力」について

「シリアル・サーボ制御」の各端子に独立して割り振られている「プログラマブル・パルス・ジェネレータ」(PPG：Programmable Pulse Generator) 機能を使って、モータ制御に必要な「PWM出力制御」を、「GR-ROSE」用に「PPGクラス」として実装しました。

「PPG機能」のピン割り当てと機能設定

ピン名称	選択機能	設定詳細	他の機能との組み合わせ
P20	PO0	極性:正転 / Output 0 / Next 1	Trigger : MTU0 + DTC(TGIA0, TGIB0)
P13	PO13	極性:正転 / Output 0 / Next 1	Trigger : MTU1 + DTC(TGIA1, TGIB1)
PC3	PO24	極性:正転 / Output 0 / Next 1	Trigger : MTU2 + DTC(TGIA2, TGIB2)
P32	PO10	極性:正転 / Output 0 / Next 1	Trigger : MTU3 + DTC(TGIA3, TGIB3)

「PPG機能」では、「MTU」(Multi-Timer Unit)の「トリガA」と「トリガB」において、出力状態を変化できます。

これは、「割り込み」による処理でも実現できますが、「同時設定」や、他の割り込みによって「設定遅延」が発生しないように、「DTC機能」を使って制御します。

「DTC」の設定を、次に示します。

「PPG機能」実現のための「DTC機能」設定例(2相DCモータ制御の場合)

DTC	転送データ	転送先アドレス	転送数	動作
TGIA0	0x00	0x000881ED (PPG0.NDRL)	8bit x 1	PO0 出力設定値 = 0
TGIB0	0x01	0x000881ED (PPG0.NDRL)	8bit x 1	PO0 出力設定値 = 1
	NA0	0x000C1308 (MTU0.TGRA)	16bit x 1	MTU0.TGRA設定値 = NA0
	NB0	0x000C130A (MTU0.TGRB)	16bit x 1	MTU0.TGRB設定値 = NB0
TGIA1	0x0F	0x000881EC (PPG0.NDRH)	8bit x 1	PO13 出力設定値 = 0
TGIB1	0x2F	0x000881EC (PPG0.NDRH)	8bit x 1	PO13 出力設定値 = 1
	NA1	0x000C1388 (MTU1.TGRA)	16bit x 1	MTU1.TGRA設定値 = NA1
	NB1	0x000C138A (MTU1.TGRB)	16bit x 1	MTU1.TGRB設定値 = NB1
TGIA2	0xF0	0x000881FE (PPG1.NDRH)	8bit x 1	PO24 出力設定値 = 0
TGIB2	0xF1	0x000881FE (PPG1.NDRH)	8bit x 1	PO24 出力設定値 = 1
	NA2	0x000C1408 (MTU2.TGRA)	16bit x 1	MTU2.TGRA設定値 = NA2
	NB2	0x000C140A (MTU2.TGRB)	16bit x 1	MTU2.TGRB設定値 = NB2
TGIA3	0xF0	0x000881EE (PPG0.NDRH)	8bit x 1	PO10 出力設定値 = 0
TGIB3	0xF4	0x000881EE (PPG0.NDRH)	8bit x 1	PO10 出力設定値 = 1
	NA3	0x000C1218 (MTU3.TGRA)	16bit x 1	MTU3.TGRA設定値 = NA3
	NB3	0x000C121A (MTU3.TGRB)	16bit x 1	MTU3.TGRB設定値 = NB3

ポイントは、「トリガB」のタイミングで、出力ポートの状態を変化させるのと同時に、次の「PWM周期設定」を行なうことです。

この「DTC」の「チェーン機能」を使って、これを実現し、任意のタイミングで「PWM幅」を、個々の端子ごとに独立して設定可能になります。

第6章

「Amazon FreeRTOS」でIoT

この章では、「sketch」の「LED」のサンプルを使って、「FreeRTOS」の動作概要を確認した後、「Amazon FreeRTOS」のライブラリを使って、「AWSクラウド」の「IoTサービス」に接続します。

6-1 「FreeRTOS」ベースの「Sketchプログラム」

■「FreeRTOS」の動作の概要

「Amazon FreeRTOS」は、「FreeRTOS」をベースに、「IoTデバイス」として容易かつセキュアにクラウドに接続するための機能を追加しています。

たとえば、「Wi-Fi」や「イーサネット」で「ローカル・ネットワーク接続」したり、「BLE」を使って「モバイル・デバイス」に接続したりするライブラリがあります。

また、「データ暗号化」や「暗号キー管理」をし、デバイスデータや接続を保護するためのライブラリも提供されています。

*

「GR-ROSE」のCPUである「RX65N」は、「アマゾン ウェブ サービス」(AWS)上で動作する「Amazon FreeRTOS用AWS デバイス認定」を取得しています。

*

「FreeRTOS」では、プログラムをタスク単位で管理します。

タスク管理モジュールは、「タイマー割り込み」による時間管理をしながら(ない設定もできる)、「キュー」を用いてタスクの優先順位を決め、タスクをスケジュールします。

*

タスク間のデータ通信は、「キュー・バッファ」を使います。

また、「セマフォ」(semaphore)を用いて、タスク間の同期を行ないます。

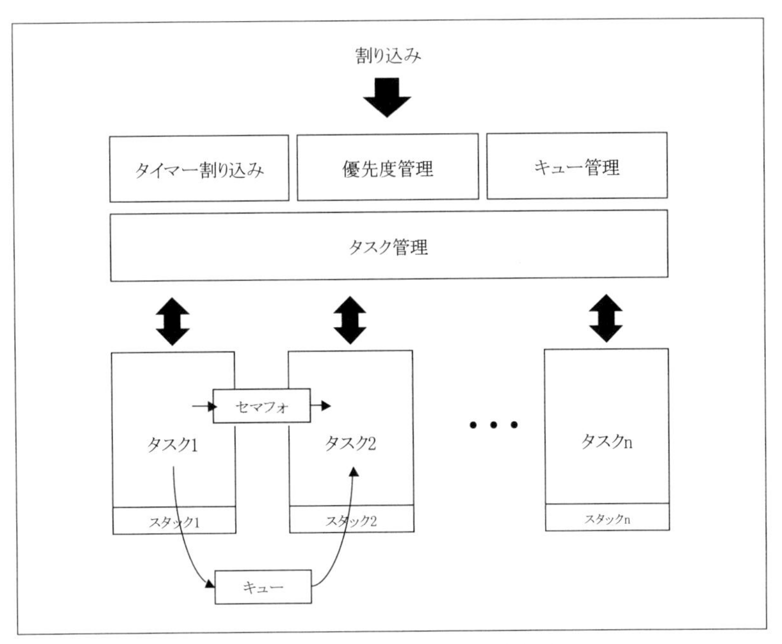

図6-1-1 「FreeRTOS」の動作環境

※FreeRTOSの詳細については、以下のURLから「Documentation」を参照してください。

https://www.freertos.org/Documentation/RTOS_book.html

■スケッチにおける「FreeTOS」の動作の流れ

「FreeRTOS」のプログラムは「タスク」を定義し、スケジューラにスケジュールさせることでプログラムを実行します。

この「タスク」にどのようなものがあり、どのような順序で起動されるかを、次の節で説明する**サンプル1**のプログラムで見ていきます。

[1] スタートアップルーチン(reset_program.S)
[2] 「Processing_Before_Start_Kernel関数」(resetprg.c)で「main関数」の登録
[3] 「vTaskScheduler()関数」で、「idolタスク」「timerタスク」などが登録され、タスクスケジューラ機能が起動

「アセンブラ」で書かれたスタートアップルーチンから、ハードウェアの初期化などが行なわれた後、「Processing_Before_Start_Kernel関数」の中で、最初に「main関数」を含むタスクが登録されます。

その後、タスク・スケジューラが起動され、「main関数」のタスクの他にもさまざまなタスクが起動されます。

これらのタスクは、タスク・スケジューラの管理下で、非同期に実行されます。

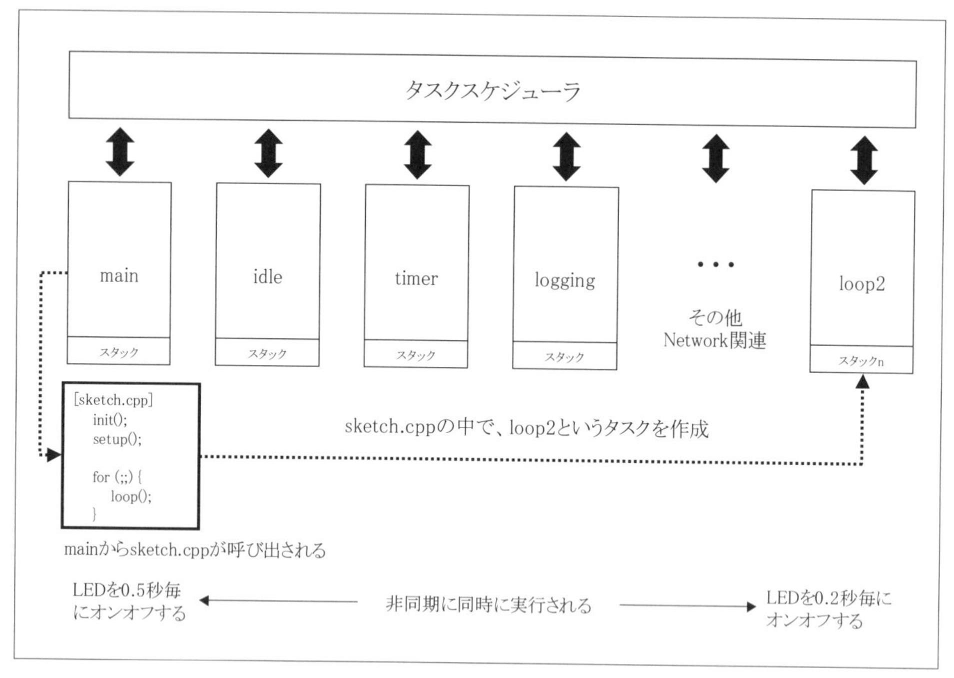

図6-1-2 タスクの生成とスケジューリング

これまでの「**がじぇるね・ボード**」[※1]のスケッチで、「main関数」として起動されていたステップが、「FreeRTOS」のタスク・スケジューラに置き換わり、「main関数」が1つのタスクとして起動されています。

この「main関数」から、「sketch.cpp」に含まれる「init関数」「setup関数」「loop関数()」が呼び出されています。

つまり、「デフォルト」では、「スケッチ」が「main」という1つの「タスク」として起動される、ということです。

「スケッチ」から「プログラム」を作る場合、(a)1つのタスクのままで作ることも、(b)この中でタスクを作ってタスクを追加することも、できます。

※1「がじぇるね」は「がじぇっとるねさす」(GADGET RENESAS)の略称。

6-2 「LED点灯」を「非同期」で行なう

■今までの「サンプル・プログラム」

一般的な「サンプル・プログラム」として、「スケッチ」の中の「loop関数」で一定の“時間待ち”を挟んで、「LED」の「オン／オフ」をするものがあります。

＊

以下の「サンプル・プログラム」は、「LED1」の「オン／オフ」を100msごとに繰り返すプログラムです。

＊

「ループの先頭」で、「LED1」に割り当てられている「ピン」の値を「digitalRead関数」で読み取り、その値を反転して、「digitalWrite関数」で書き込んでいます。

「vTaskDeply関数」で、「100ms」のディレイを行ないます。

```
void loop() {
	digitalWrite(PIN_LED1, !digitalRead(PIN_LED1));
	vTaskDelay(100);
}
```

■「FreeRTOS」の「タスク」の定義

このプログラムに、「LED2」の「オン／オフ」を繰り返す機能を、「FreeRTOS」のタスクを使って追加してみます。

＊

タスクの追加には、「xTaskCreate関数」を使います。

「xTaskCreate」は、「task.h」に定義されています。

```
BaseType_t xTaskCreate(
TaskFunction_t pxTaskCode,
const char * const pcName,
const configSTACK_DEPTH_TYPE usStackDepth,
void * const pvParameters,
UBaseType_t uxPriority,
TaskHandle_t * const pxCreatedTask
) PRIVILEGED_FUNCTION;
```

●pxTaskCide: タスク本体の関数名
●pcName: タスク名となる文字列のポインタ。
●usStackDeptch: スタック・サイズ
●pvParameters: タスクに渡すパラメータのポインタ
●usPriority: タスクの優先度
●pxCreatedTask: タスク・ハンドラ。
作られたタスク情報を格納する構造体を指すポインタ

■500msで「LED」を「オン／オフ」するタスクの追加

まず、タスクとして、「LED2」を500msごとに「オン／オフ」する関数、「loop2」を作ります。

```
void loop2(void *pvParameters) {
	while (1) {
		digitalWrite(PIN_LED2, !digitalRead(PIN_LED2));
		vTaskDelay(500);
	}
}
```

「xTaskCreate関数」の「パラメータ」を設定します。

ここでは、「タスク本体」として「loopg」、「タスク名」として「loop2」、「スタック・サイズ」として「512バイト」、「タスク・パラメータ」として「NULL」(タスク・パラメータなし)、「優先度」として「2」、「タスク・ハンドラ」として「NULL」を指定して、「setup関数」の中でタスクを作ります。

```
xTaskCreate(loop2, "LOOP2", 512, NULL, 2, NULL);
```

これで「プログラム」は完成です。

「プログラム」を実行すると、「setup関数」で「loop2タスク」が作られ、「タスク・スケジューラ」で起動されるとともに、後続の「loop関数」が実行されます。

＊

100ms間隔で「LED1」が「オン／オフ」される一方、同時に500ms間隔で「LED2」が「オン／オフ」されるようになります。

「非同期」の動作は、従来、「タイマー割り込み」などを使って実装しなければなりませんでしたが、「FreeRTOS」を使うと、「非同期の動作」を「タスク」として簡単に定義して実行できるようになります。

6-3　AWS IoTサービス

■「AWS IoTサービス」の概要

「AWS IoTサービス」を使うと、インターネットに接続された「デバイス」(センサ、アクチュエータ、組み込みマイクロコントローラ、スマート家電など)と「AWSクラウド」との“セキュアな双方向通信”が可能になります。

それによって、複数のデバイスから、「センサ・データ」などを「収集」「保存」「分析」することができます。

*

さらに、「ユーザー」が「ネットワーク」を通じて、これらの「デバイス」を制御できるようにするアプリケーションを作ることもできます。

「AWS IoTサービス」には、**「クラウド側」**のサービスと**「モノ側」**のサービスが、いくつか提供されています。

「Amazon FreeRTOS」は、**「モノ側」**のデータを収集するための“デバイスOS”です。

「クラウド側」の「フロント・エンド」のサービスである「AWS IoT Core」と組み合わせることで、「クラウド」と「モノ」との双方向の通信ができます。

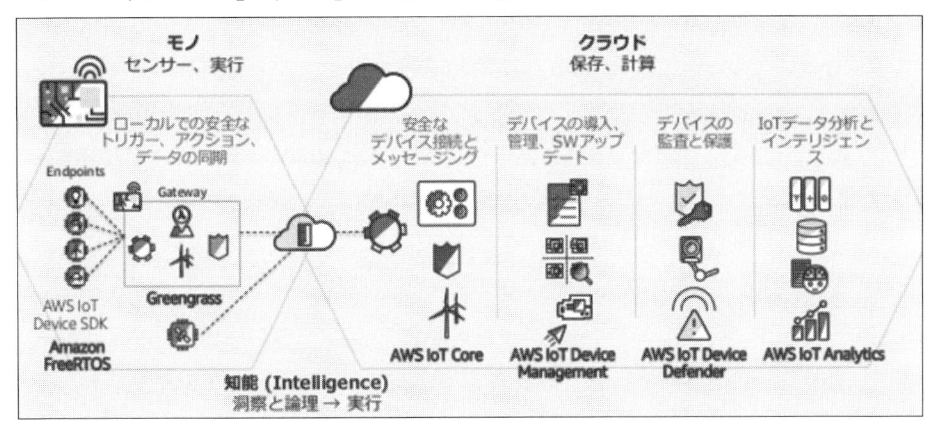

図6-3-1　「AWS IoTサービス」の概要

■ AWS IoT「メッセージ・ブローカー」

「AWS IoT」の「Coreサービス」では、「IoTデバイス」と「クラウド」間の通信に、「AWS IoT」の**「メッセージ・ブローカー」**というサービスが使われています。

この「メッセージ・ブローカー」では、「メッセージの送受信」のことを「パブリッシュ/サブスクライブ」と呼びます。

*

「メッセージ」は、「sensor/temp/room1（トピックの名前空間）」のようなトピック形式で表現します。

「メッセージ・ブローカー」では、「サービス」は「MQTTプロトコル」を使って行ないます。

*

ちなみに、「AWS IoT」でサポートされる「プロトコル」「認証方法」「ポート番号」は、以下の表のようになります。

プロトコル	認　証	Port	ALPN ProtocolName
MQTT	X.509 クライアント証明書	8883、443 †	x-amzn-mqtt-ca
HTTPS	X.509 クライアント証明書	8443、443 †	x-amzn-http-ca
HTTPS	SigV4	443	該当なし
MQTT over WebSocket	SigV4	443	該当なし

「IoTデバイス」は、「メッセージ・ブローカー」へのクライアントとして、「ポート443」で「X.509 クライアント証明書」による認証を使って接続します。

そのために、「Application Layer Protocol Negotiation (ALPN) TLS 拡張機能」を実装して、「ClientHello メッセージ」の一部として送信する必要があります。

*

「Amazon FreeRTOS」では、「メッセージ・ブローカー」へのクライアントとして機能するために、必要なネットワーク機能をサポートしています

「Amazon FreeRTOS」が実行されるIoTデバイスは、「AWS IoT Coreサービス」を使うために、「AWS IoTサービス」が認証する「X.509クライアント証明書」をもつ必要があります。

6-4　「AWS IoT」に接続する

■「AWS IoTサービス」に接続するための環境準備

「AWS IoTサービス」に接続するためには、以下の環境を用意する必要があります。

①「AWS」のサービスを使うための「アカウント」
「AWSルート・アカウント」または「AWS IoT」および「Amazon FreeRTOSクラウドサービス」へのアクセス許可をもつ「IAMユーザーアカウント」(例：ユーザー名iot)。
②インターネットに接続された「ルータ」など
「GR-ROSE」の「イーサネット・ポート」に接続する。
③「IDE for GR」または「Webコンパイラ」にアクセスための「アカウント」

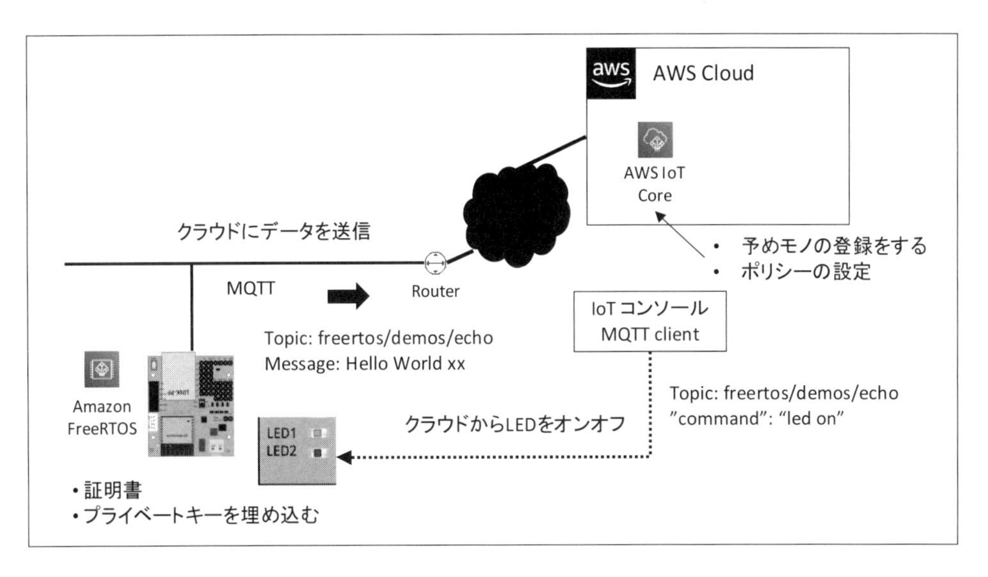

図6-4-1　「GR-ROSE」と「AWS IoT Core」の接続

■「Amazon FreeRTOS」と「AWS IoTサービス」を使うための「IAMアカウント」の作成手順

「AWS」の「ルート・アカウント」も使えますが、ここでは「Amazon FreeRTOS」と「AWS IoTサービス」にアクセス権をもつ、「IAMアカウントIoT」を作ります。

[1]「AWSルート・アカウント」でログイン。
[2]「IAMコンソール」に移動。
[3]「ユーザーを追加」を選択し、ユーザー名を「iot」とする(図6-4-2)。
「プログラムによるアクセス」と、「AWSマネジメントコンソールへのアクセス」をチェックする。

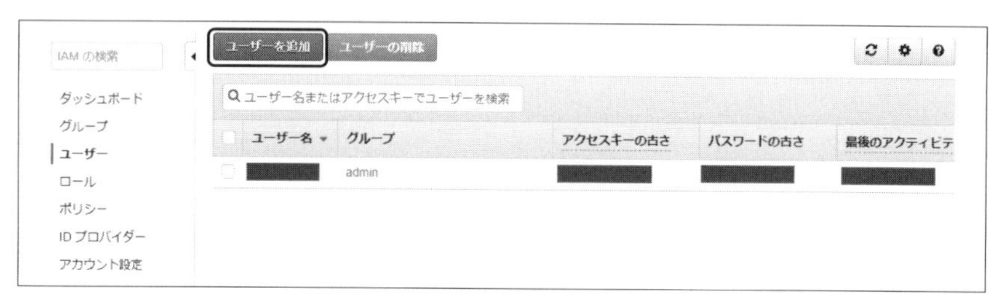

図6-4-2 IAMコンソールで「ユーザーを追加」

[4] 「ウィザード」に従って、「既存のポリシーを直接アタッチ」を選択し、「AmazonFreeRTOSFullAccess」と「AWSIoTFullAccess」を追加。

[5] 「オプション・タグ」は追加せずに、次に進む。

[6] [ユーザーの作成]ボタンを押す。追加されたユーザー「iot」の情報が、**図6-4-3**の画面と同様か確認し、「パスワード」や「Access Key ID」を含む「csvファイル」をダウンロードする。

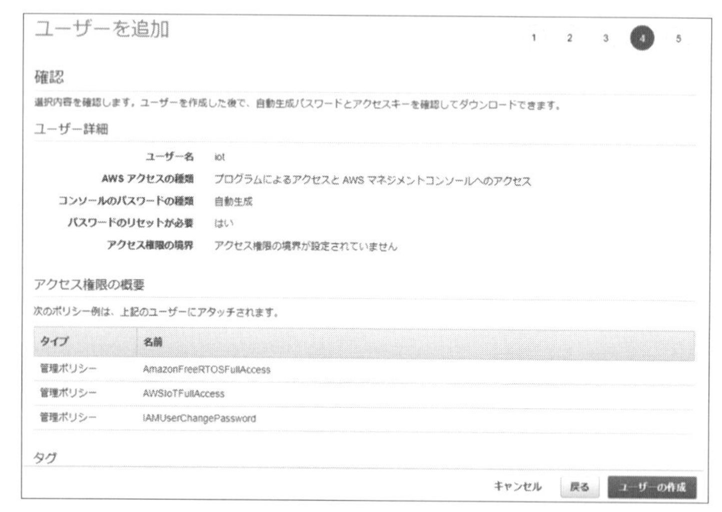

図6-4-3 IAMコンソールで「ユーザーを追加」(確認画面)

■「AWS IoT」で「GR-ROSEボード」の登録

「AWS IoT環境」と通信するには、「GR-ROSEボード」を「AWS IoT環境」に登録します。

そして、「アクセス・ポリシー」を作り、「プライベート・キー」および「X.509」形式のモノの証明書を作る必要があります。

①「AWS IoTモノ」の登録。
②「AWS IoTポリシー」の作成。
③「プライベート・キー」と「X.509証明書」の作成。

＊

「AWS IoTコンソール」から**手動**でも作れますが、ここでは、「AmazonFreeRTOSコンソール」の「クイック接続ウィザード」を使いましょう。

[1] ユーザーアカウント「iot」で「AWS コンソール」にログインし、「FreeRTOS コンソール」に移動。

※最初にログインするときには、前述の手順でダウンロードした「csv」に含まれる「パスワード」が必要です。

[2] 「表」から、「Connect to AWS Greengrass-Renesas」の行の[クイック接続]をクリック。

[3] 「ウィザード」に従って、次のページでは[開始方法]ボタンをクリック。
ステップ1/5：[ダウンロードのみ]ボタンをクリックすると、「zip ファイル」がダウンロードされます。なお、ここでダウンロードされた「zip」は「Renesas Starter Kit」用のため使わないため、解凍する必要はありません。

[4] ステップ2/5：「デバイス登録」で、「デバイス名」を指定します。ここでは仮に「gr_rose」とします。

※「すでに存在する名前」と「エラー」が出た場合は、適当に変更してください(**図6-4-4**)。

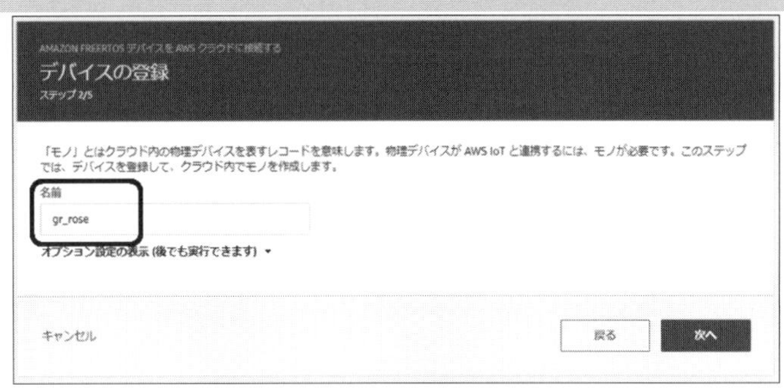

図6-4-4　デバイスの名前を設定

[5] ステップ3/5：「認証情報のダウンロード」画面では、[ダウンロードして続行]ボタンをクリックすると、「zip ファイル」がダウンロードされるので、解凍してください。

図6-4-5　認証情報のダウンロード

[6] ステップ3/5で「モノの登録」「ポリシー」が作られ、「プライベート・キー」と「証明書」が作られ、ダウンロードされます。

[7] ステップ4/5：[戻る]ボタンを押して、ウィザードを終了します。

■「AWS IoT MQTT」の「デモ・プログラム」について

「AWS IoT」の「デモ・プログラム」として、指定した「MQTTトピック」(freertos/demos/echo)に、「Hello World xx ACK」(xxは数字)の文字列を「Publish」するとともに、「LED」の「オン／オフ」するプログラムを紹介します。

＊

「AWS IoT MQTTクライアント」から「GR-ROSE」の「LED」を操作するために、同じトピックに「Publish」された文字列を「Subscribe」します。

そして、「"command": "led on"」を受け取ったら、「LED」を**点灯し**、「"command" : "led off"」を受け取ったら、「LED」を**消灯する**、という仕組みです。

＊

「MQTT」のトピックを「Publish」する部分は、「aws_hello_world.c」をそのまま使っています。

プログラムのフローは、以下の通りです。

・「setup()」中で、「vStartMQTTEchoDemo()」が呼び出される。
・「vStartMQTTEchoDemo()」中で「prvMQTTConnectAndPublishTask」が作られ、そこからさらに「Publish」のために「prvMessageEchoingTask」が作られている。
　→ このタスクが、30秒ごとに10分間、「MQTT」のトピックを「Publish」します。
・「Subscribe」のために、「prvSubscribe」を呼び出し、「MQTT Subscribe」の「callback」を登録する。
　→「MQTT」のトピックが「Subscribe」されたら、このコールバックで「GR-ROSE」上の「LED」が、「オン／オフ」されます。

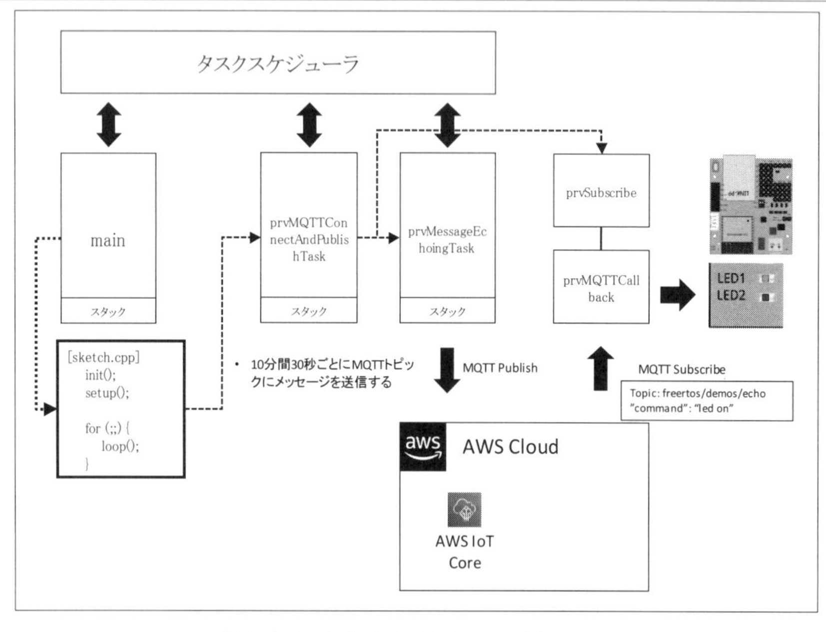

図6-4-6 「MQTT Echo Demo」のフロー

■「AWS IoT MQTT」の「デモ・プログラム」の実行

[1] 「IDE for GR (GR-ROSE用)」を起動。
[2] メニュー[ツール]→[マイコンボード]で「GR-ROSE(DHCP)」を選択。
[3] メニュー[スケッチ]→[ファイル追加]から、前節でダウンロードした、「aws_clientcredential.h」および「aws_clientcredential_keys.h」を追加。
[4] メニュー[ファイル]→[スケッチの例]→[Examples_FreeRTOS]をクリックし、「サンプル・プログラム」を開く。
[5] 「GR-ROSE」の「リセット・ボタン」を押し、「USBストレージ」として認識させた後、[マイコンボードに書き込む]ボタンを押す。

■「AWS IoTコンソール」から「GR-ROSE」の「LED」をコントロールする

[1] 「AWS」にユーザー「iot」でログインし、「AWS IoTコンソール」に移動。
[2] 左のメニューから、「Test」を選択。
[3] 「MQTT client」画面で、トピックとして、「freertos/demos/echo」を入力し、その下の編集エリアで「"command": "led on"」を入力し、["public to topic"]ボタンを押す(図6-4-7)。

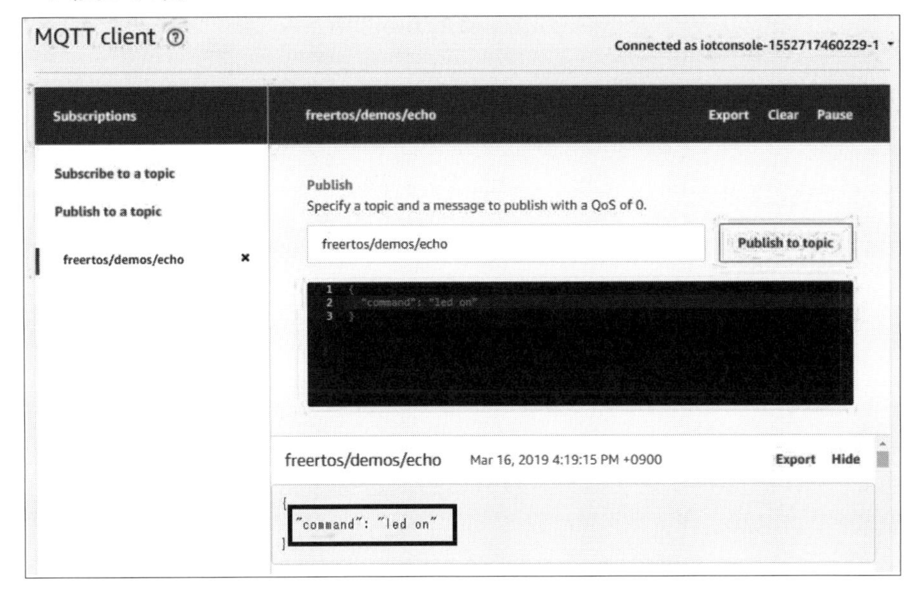

図6-4-7　「MQTT client」でのコマンド送信

[4] 「GR-ROSE」の「LED」が点灯します。
[5] 編集エリアで[“command": "led off"」を入力し、["public to topic"]ボタンを押す。
[6] 「GR-ROSE」の「LED」が消灯する(図6-4-8)。

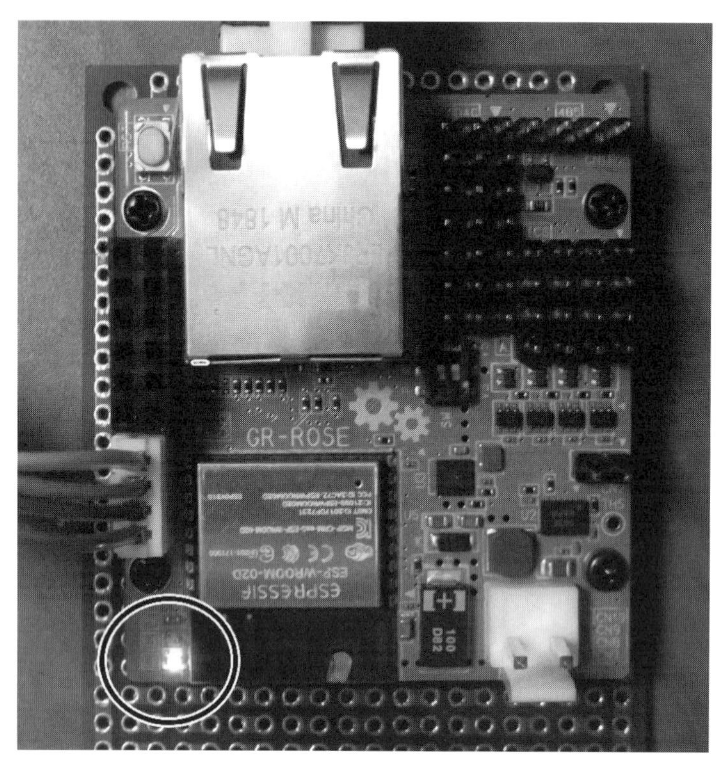

図6-4-8　コマンド送信後の「GR-ROSE」のLED点灯

■ 最後に

この章で説明したように、「AmazonFreeRTOS」を使うと、「デバイス」を「クラウド」に簡単に接続できます。

これで「デバイス」から「クラウド」にデータを送信したり、「クラウド」から「デバイス」をコントロールしたりできるようになります。

第7章

MicroPython

「MicroPython」は、今流行りの「Microbit」や「ESP32」ベースの「M5Stack」で使われています。
また、「Adafruit」(エイダフルート)には「CircuitPython」(サーキット・パイソン)という派生の環境が生まれ、広く利用されるようになってきました。

*

以下では、「RX65N」向けに移植された「MicroPython」の使い方を、簡単に紹介します。

7-1 インストール

■「MicroPython」の「GR-ROSE」へのインストール

「MicroPython」(マイクロ・パイソン)は、「マイクロ・コントローラ」のような、「メモリ」の少ない、制約のある環境での実行に最適化された、「Python 3プログラミング言語」です。

「Python」の「標準ライブラリ」の一部を含んでおり、通常の「Python」(以下、「CPython」)と、かなり互換性を保っています。

256KBの「コード・スペース」と16KBの「RAMエリア」があれば、動作します。
下記のURLから、「GR-ROSE」用「MicroPython」の「バイナリ・ファイル」(MPY-GR_ROSE_DD.bin)をダウンロードします。

http://www.kohgakusha.co.jp/support/gr-rose/index.html

[1] 「GR-ROSE」と「PC」のUSBコネクタをUSBケーブルで接続して「Reset」ボタンを押すと、「書き込みモード」になる。

[2] 「バイナリ・ファイル」を「GR-ROSEドライブ」に「ドラッグ・アンド・ドロップ」して書き込む(図7-1-1)。

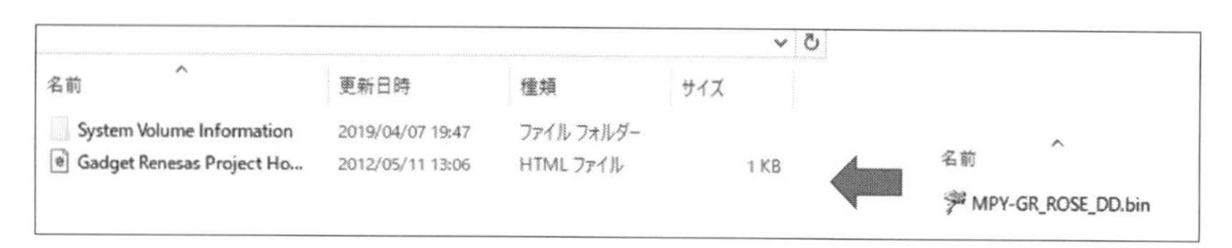

図7-1-1 「MicroPython」用の「binファイル」をコピー

[3] 書き込み後、「MicroPython」のプログラムが起動する。初期化中は「LED」が点灯する。

・「GR-ROSE」の「CPU」の「内蔵フラッシュメモリ」に「FAT32」フォーマットの内蔵フラシュドライブを作り、「MicroPython」の初期ファイルなどが作られます。

・「GR-ROSE」向けの「MicroPython」では、この「内蔵フラッシュドライブ」への書き込みが行なわれると、一時的にRAMメモリ中の「キャッシュ・メモリ」に書き込まれます(図7-1-2)。

・「LED」が「点灯」中の場合は、「キャッシュ」中なので、「内蔵フラッシュドライブ」には書き込まれていません。

[3] 数秒後に「書き込みデータ」が「キャッシュ・メモリ」から「内蔵フラッシュ」に書き込まれ、「LED」が消灯する。

＊

この「内蔵メモリドライブ」の使い方は、この先で説明します。

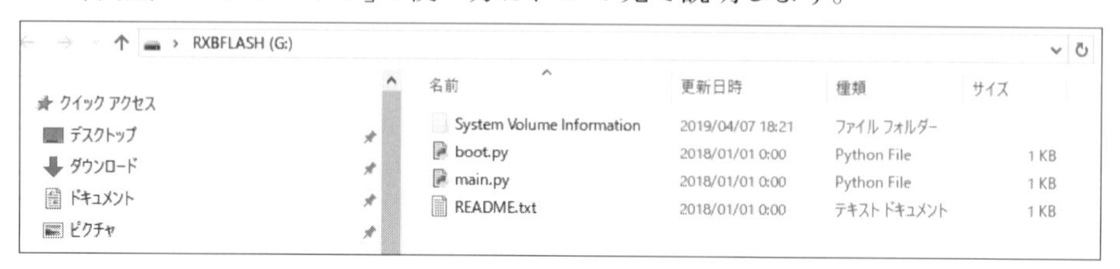

図7-1-2 「binファイル」書き込み後のドライブ認識

■使い方

「GR-ROSE」の「RX65N CPU」の「Flashメモリ」は、一部が「PCの外部ドライブ」として認識されるとともに、「デバイス・マネージャ」のポートで「USBシリアル・デバイス」として認識されます(図7-1-3)。

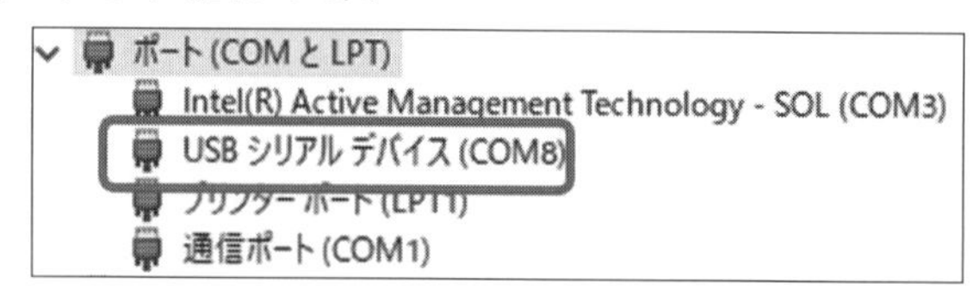

図7-1-3 「binファイル」書き込み後のUSBポート認識

ここでは、Windowsの「Tera Term」を例に説明を進めます。

[1] まず、「PC」のターミナルを起動。

認識された「COMポート」を選択し、[Setup]→[Serial port]メニューを選択します(図7-1-4)。

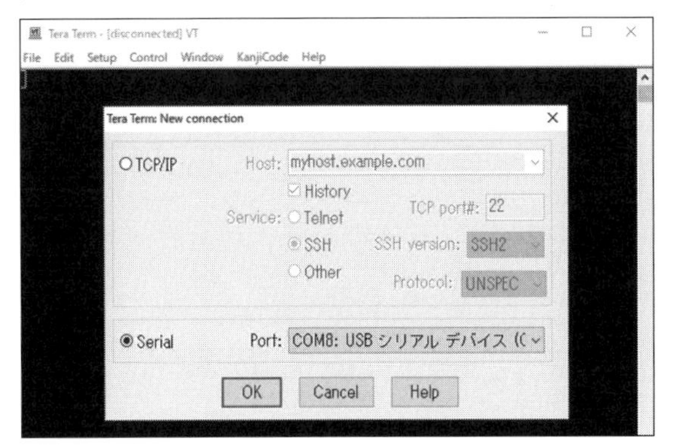

図7-1-4 「シリアル・モニタ」での「Port」選択

[2] 「Baud rate」で「115200」を選択し、[Enter]キーを押す(図7-1-5)。

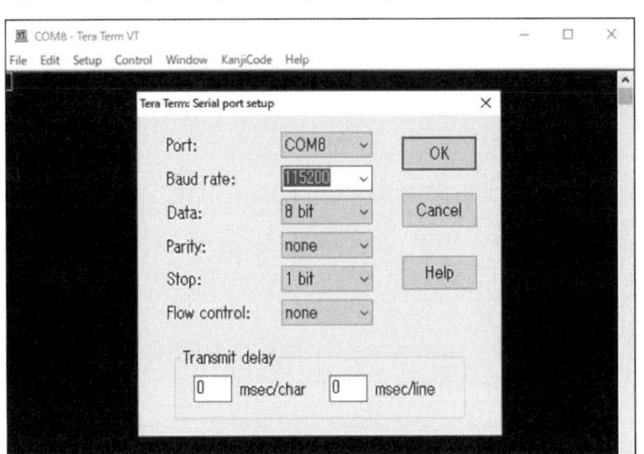

図7-1-5 「シリアル・モニタ」での「Baud rate」選択

「>>」という、「MicroPython REPLプロンプト」が表示されるはずです(図7-1-6)。

このコンソールから、「MicroPython」のプログラムを入力したり、実行したりできます。

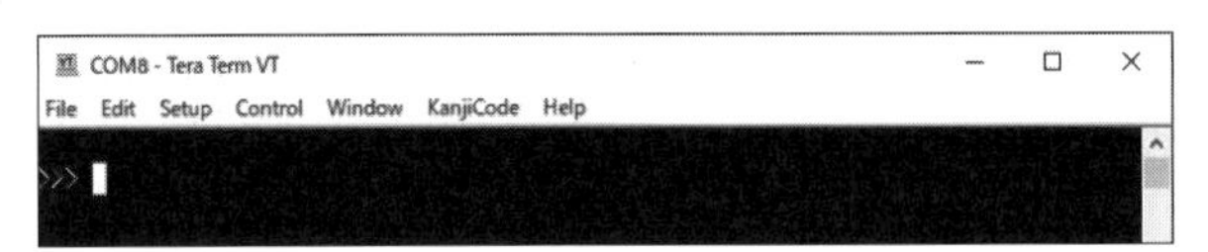

図7-1-6 MicroPython REPLプロンプト

※「Mac OS X」の場合には、「screen(screen /dev/tty.usbmodem*)」、「Linux」の場合には、「screen(screen /dev/ttyACM0)」、「picocom」あるいは「minicom」などのターミナルプログラムが使えます。

詳しくは、以下のURLを参照してください。

https://docs.micropython.org/en/latest/pyboard/tutorial/repl.html

7-2 最初のサンプル「Lチカ」

■「REPLコンソール」からプログラムの入力

最初のサンプルとして、GR-ROSEボード上の「LED」を点灯してみます。

＊

次のプログラムは、「LED」の「オン／オフ」を50msごとに繰り返すプログラムです。

```
import pyb
while True:
    pyb.LED(1).toggle()
    pyb.delay(50)
```

「REPLコンソール」で入力し、最後に[Enter]キーを数回入力します。

すると、プログラムの実行が開始され、[Ctrl]+[C]キーを入力することで、プログラムを停止できます(図7-2-1)。

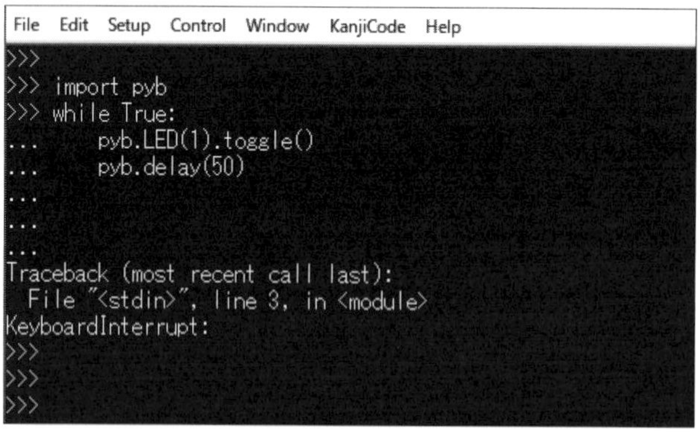

```
File  Edit  Setup  Control  Window  KanjiCode  Help
>>>
>>> import pyb
>>> while True:
...     pyb.LED(1).toggle()
...     pyb.delay(50)
...
...
...
Traceback (most recent call last):
  File "<stdin>", line 3, in <module>
KeyboardInterrupt:
>>>
>>>
>>>
```

図7-2-1　コンソールでのプログラム実行例

このコンソールは、「REPL」(Read-Eval-Print Loop)と呼ばれています。

「MicroPython」の「REPL」では、「Python」プログラムのインデントが自動処理されるので、「Cut&Paste」する際に行頭のスペースは入力しません。

＊

「REPL」で使える「制御キー」は、以下の通りです。

- CTRL-A：raw REPLモード(シリアル経由などでリモートからのプログラムの書き込みなど)
- CTRL-B：標準REPLモード(デフォルトのモード)
- CTRL-C：プログラムの中断
- CTRL-D：ソフトウェア・リブート
- CTRL-E：貼り付けモード(「インデントのあるテキスト」の貼り付けに使われます)

「インデントのあるプログラム」を貼り付けて実行する場合には、[CTRL]+「E」キーを押して「貼り付けモード」に移行します。

プログラムを貼り付けた後、[CTRL]+[D]キーを押すと、貼り付けたプログラムを実行できます。

7-3　起動時のプログラムの決定

■ファイルの中のプログラムの実行

「MicroPython」のプログラムの実行は、「REPLコンソール」から入力するほか、ファイルから実行することもできます。

初期起動時の内蔵フラシュメモリドライブ(サイズは256KB)には、「boot.py」「main.py」および「README.txt」ファイルが含まれています。

「MicroPython」の起動時には、(「SD-CARD」が未接続の場合)「フラッシュメモリ・ドライブ」が「デフォルトのドライブ」として認識されます。

そして、「フラッシュメモリ・ドライブ」上の「boot.py」が実行され、その後に「main.py」が実行されるようになっています。

初期起動時には、「machineモジュール」および「pybモジュール」のインポートだけ設定されています。

「main.py」を更新することで、起動時にプログラムを実行できます。

新規ファイルはPCで編集したファイルを「ドラッグ＆ドロップ」で「フラッシュメモリ・ドライブ」にコピーしておいてください。

※現在、実装上の制限で、「8KB」を超えるサイズのファイルはコピーできません。

7-4 「MicroPython」の動作の仕組み

■「MicroPython」の内部アーキテクチャ

「MicroPython」の内部アーキテクチャは、**図7-4-1**のようになっています。

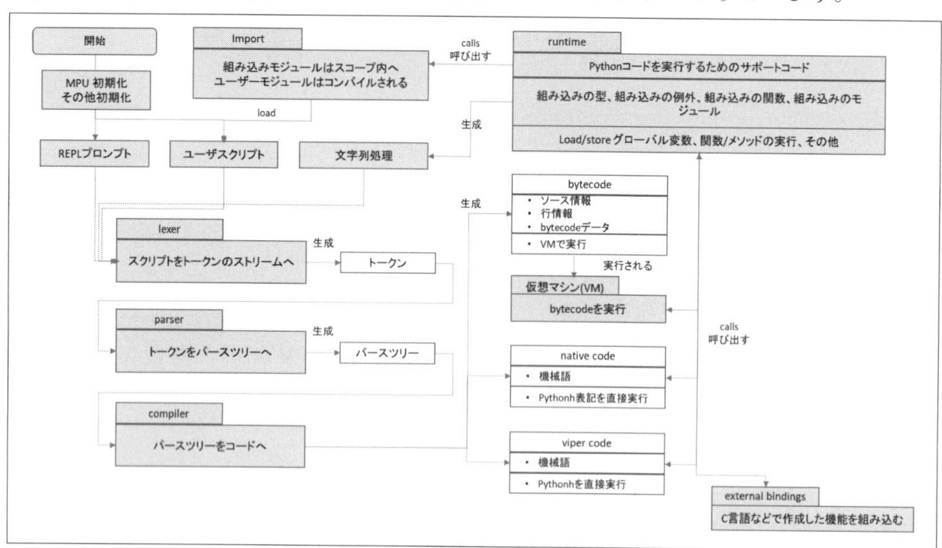

図7-4-1 「MicroPython」の内部アーキテクチャ

「GR-ROSE」では、「MicroPython」は「ベア・メタル」※――つまり、“OSのない環境”で動作しています。

※bare metal：OSやソフトなどがインストールされていない、まっさらなハードディスク。

---

[1] 使われているCPU、「RX65N」の初期化された後に、周辺機能の初期化が行なわれる。

「内部フラッシュメモリ」上に構成された「FAT-FSシステム」(あるいは「SDカード」)上の「boot.py」「main.py」が存在すれば、それらの「ソース・ファイル」が「インタープリタ」で実行されます。

[2] 次に、「REPLプロンプト」が実行される。

なお、「RX65N」の「MicroPython」では、「native code」および「viper code」の機能は未実装です。

・native code
本家の「pyboard」では、「バイト・コード」ではなく、「機械語」に出力できます。
・viper code
本家の「pyboard」では、「native code」よりもさらに最適化された「機械語」に出力できます。

7-5 MicroPythonの「ライブラリ」

■「MicroPythonライブラリ」とは

ここでは、「MicroPython」に含まれる「ライブラリ」を簡単に説明します。

＊

「ライブラリ」は、**「モジュール」**を指します。

「モジュール」には**「クラス」**と**「関数」**があり、「MicroPython」には、標準Pythonに含まれるモジュールのサブセットが実装されています。

容易に判別できるように、「CPython」の「モジュール名」に“マイクロ”を示す**“u”**のプリフィックスが付けられています。

> ※「MicroPython」の実装によっては、ここで紹介する「モジュール」が含まれていない場合もあります。
> また、「u」はギリシャ文字の「μ」(マイクロ)の代用です。

■ MicroPython モジュールの分類

「モジュール」を分類すると、以下のようになります。

①「CPython」の機能のサブセットを実装したもの(ユーザーによる拡張を意図していないもの)。
②「Python」の機能のサブセットを、ユーザーによって(Pythonコードで)実装したもの
③「Python」の標準ライブラリを、「MicroPython」の拡張として実装したもの
④独自の「ポート」に対して実装されたもの

■「組み込み済み」の「モジュール」の確認

「組み込まれているモジュール」の確認は、「REPLプロンプト」から、「help(“modules”)」で確認できます。

```
>>> help("modules")
__main__        json             random          ujson
_onewire        lcd160cr         re              umachine
array           lcd160cr         rxb             uos
binascii        lcd160cr_test    select          urandom
builtins        lcd160cr_test    socket          ure
cmath           lwip             struct          uselect
collections     machine          sys             usocket
dht             math             time            ussl
dht             micropython      ubinascii       ustruct
errno           ucollections     utimeframebuf   network
uctypes         utimeq           gc              onewire
uerrno          uwsocket         hashlib         onewire
```

```
uhashlib            uzlib               heapq               os
uheapq              wsocket             io                  pyb
uio                 zlib
Plus any modules on the filesystem
```

※「クラス」や「関数」の初期化パラメータについては、ドキュメントを参照する必要があります。
詳しくは、以下のURLから、「pyboard」の「Quick Refernce」を参照してください

http://docs.micropython.org/en/latest/

■「MicroPythonのライブラリ」と「Python標準ライブラリ」

下記の表に、「MicroPython」のライブラリに対応する「CPython」と、その概要を示します。

＊

「MiroPython」のライブラリは、「CPython」のサブセットです。

その機能の一部であることを示す"u"がモジュール名の先頭に追加され、「MicroPython」のモジュール名となっています。

＊

ただし、Pythonレベルの「ラッパ・モジュール」を構成する場合に、「CPython」とモジュール名が異なると、実装が厄介になります。

そのため、「uos」と「os」のように、同一のモジュールを、「"u"のないモジュール名」として、二重登録されているものもあります。

MicroPython	CPython	概　要
Builtin functions and exceptions	Builtin functions and exceptions	組み込み関数と例外処理
array	array	数値データの配列
cmath	cmath	複素数のための数学関数
gc	gc	ガベージ・コレクタ・インターフェイス
math	math	数学関数
sys	sys	「システム・パラメータ」と関数
ubinascii	binascii	バイナリ/ASCII 変換
ucollections	collections	コンテナデータ型
uerrno	errno	標準の errno システムシンボル
uhashlib	hashlib	ハッシュ・アルゴリズム
uheapq	heapq	ヒープキュー・アルゴリズム
uio	io	入出力ストリーム
ujson	json	JSON エンコーダおよびデコーダ
uos	os	「オペレーティング・システム」インターフェイス
ure	re	正規表現操作
uselect	select	ストリームのイベント処理
usocket	socket	ソケット

↩

ussl	ssl	SSL/TLS
ustruct	struct	プリミティブな型データの変換
utime	time	時刻関連
uzlib	zlib	gzip互換の圧縮
_thread	thread	スレッド(実験的なサポート)

■ MicroPython独自ライブラリ

MicroPython	概　要
btree	Btreeデータベース
framebuf	フレーム・バッファ
machine	ハードウェアに関連する機能
micropython	MicroPythonの内部のアクセスや制御
network	ネットワークの設定
ucryptolib	暗号化
uctypes	「バイナリ・データ」のアクセス

■ ボード独自ライブラリ(pyboard)

「Pyboard」は、「MicroPython」が最初に実装されたボードで、「MicroPython」の「リファレンス・ボード」になっています。

Pyboard	概　要
pyb	Pyboard独自ライブラリ
	Time関連の関数
	リセット関連の関数
	割り込み関連の関数
	電源関連の関数
	その他の関数
	Classes

■ ボード独自ライブラリ(rxboard – GR-ROSE)

「GR-ROSE」向けには、**「がじぇるね・ボード」**※に共通のモジュールである、**「Rxboardモジュール」**を使います。

※「がじぇるね」とは、GADGET RENESAS(ガジェット・ルネサス)の略称。

「Rxboardモジュール」は、「Pyboard」を踏襲して実装されたもので、「Pybモジュール」のサブセットになっています。

ただし、CPUの違いなどによって、各クラスのパラメータは若干異なります。

「Rxboard」の独自モジュールである「Rxb」は、「Pybモジュール名」としてもアクセスできます。

＊

下記の表に、主なクラス名と概要をリストしています

Pybモジュール クラス	Rxbモジュール クラス	概要
Accel	未実装	加速度センサ
ADC	ADC	AD変換
CAN	未実装	CAN (controller area network communication bus)
DAC	DAC	DA変換
ExtInt	ExtInt	「I/Oピン」による外部割込み
I2C	I2C	I2C (a two-wire serial protocol)
LCD	未実装	LCD制御
LED	LED	LEDオブジェクト
Pin	Pin	I/Oピン
PinAF	未実装	ピン周辺機能
RTC	RTC	リアルタイマー
Servo	Servo	サーボ(PWM)
SPI	SPI	SPI (a master-driven serial protocol)
Switch	Switch	スイッチ
Timer	Timer	タイマー
TimerChannel	同等機能なし	タイマー向けチャネル設定
UART	UART	シリアル通信
USB_HID	未実装	USB Human Interface Device (HID)
USB_VCP	未実装	USB仮想COMポート

7-6 「I/Oピン」の操作

■「GR-ROSE」の「I/Oピン」

「CPU」の「GPIOピン」は、「rxb(pyb)モジュール」の「Pinクラス」で操作します。

*

「GR-ROSE」で「CPUピン」のうち、以下の表にリストされているピンのみが、「MicroPython」のオブジェクトとして定義されています。

リストされていないピンを使うには、ピンを登録するように「MicroPython」をビルドする必要があります。

ピン名	CPUピン	機　能	ピン名	CPUピン	機　能
SER1_TX	P20	Serial1 TX (CH0)	DAC	P05	D/A 変換
SER1_RX	P21	Serial1 RX (CH0)	A0	PD2	AD 変換
SER1_SEL	P22	Serial1 TX/RX 切り替え	A1	PD3	AD 変換
SER2_TX	P13	Serial2 TX (CH2)	A2	PD4	AD変換
SER2_RX	P12	Serial2 RX (CH2)	A3	PD5	AD 変換
SER2_SEL	P14	Serial2 TX/RX 切り替え	A4	PD6	AD 変換
SER3_TX	PC3	Serial3 TX (CH5)	A5	PD7	AD変換
SER3_RX	PC2	Serial3 RX (CH5)	LED1	PA0	LED(1)
SER3_SEL	PC4	Serial3 TX/RX 切り替え	LED2	PA1	LED(2)
SER4_TX	P32	Serial4 TX (CH6)	ESP_RES	P17	ESP8266 Reset
SER4_RX	P33	Serail4 RX (CH6)	ESP_IO0	P27	ESP8266 IO0
SER4_SEL	P34	Serial4 TX/RX 切り替え	ESP_IO15	P31	ESP8266 IO15
SER5_RX	P30	Serial5 TX (CH1)	ESP_EN	P24	ESP8266 EN
SER5_TX	P26	Serial5 RX (CH1)	ETH_MDC	PA4	Ethernet MDC
SER6_RX	P25	Serial6 RX (CH3) - ESP8266	ETH_MDIO	PA3	Ethernet MDIO
SER6_TX	P23	Serial6 TX (CH3) - ESP8266	ETH_TXEN	PB4	Ethernet TXEN
SER7_TX	PC7	Serial7 TX (CH8)	ETH_TXD0	PB5	Ethernet TXD0
SER7_RX	PC6	Serial7 RX (CH8)	ETH_TXD1	PB6	Ethernet TXD1
SER7_DIR	PC5	Serial7 方向切り替え	ETH_RXD0	PB1	Ethernet RXD0
SPI_SS	PE4	SPI SEL	ETH_RXD1	PB0	Ethernet RXD1
SPI_MO	PE6	SPI MOSI	ETH_RXER	PB3	Ethernet RX

SPI_MI	PE7	SPI MISO	ETH_CRS	PB7	Ethernet CRS
SPI_CK	PE5	SPI CLOCK	ETH_CLK	PB2	Ethernet CLK
WIRE_CL	P52	Wire Clock			
WIRE_DA	P50	Wire Data			

■「出力ピン」の設定

「LED1ピン」を**「出力ピン」**として「led1変数」をアサインし、値を「1」とする場合は、以下のようになります。

```
>>> from pyb import Pin
>>> led1 = Pin("LED1",Pin.OUT)
>>> led1.high()
```

「Pinクラス」で利用できる「定数」「関数」を確認するには、「REPLプロンプト」で“Pin.”とタイプし、[TAB]キーを押すと、以下のように表示できます。

```
>>> Pin.
__class__         __name__          AF_OD             AF_PP
ALT               ALT_OPEN_DRAIN    ANALOG            IN
IRQ_FALLING       IRQ_RISING        OPEN_DRAIN        OUT
OUT_OD            OUT_PP            PULL_NONE         PULL_UP
af                af_list           bit               board
cpu               debug             dict              high
init              low               mapper            mode
name              names             off               on
pin               port              pull              value
```

■「入力ピン」の設定

次に、「SER4_TXピン」(CPU「P32ピン」)を**「入力ピン」**として、「inputpin」変数にアサインしてみます。

“inputpin”と入力すると、ピンの定義情報を確認できます。

※また、“inputpin()”と入力すると「ピンの状態」を確認できます。

「SER4_TXピン」は回路上にプルアップされているので、入力値は「1」となります。

```
>>> inputpin = Pin(Pin.cpu.P32,Pin.IN)
>>> inputpin
Pin(Pin.cpu.P32, mode=Pin.IN, pull=Pin.PULL_NONE)
>>> inputpin()
1
```

7-7 外部割り込みピン

■「GR-ROSE」の「外部割り込みピン」

いくつかのピンには、入力の状態によって「割り込み」を発生できるピンがあります。

＊

以下に、「利用できるピン」をリストしています。

表7-7-1

ピン名	CPUピン	INT	ピン名	CPUピン	INT
SER1_TX	P20	IRQ8	A0	PD7	IRQ7
SER1_RX	P21	IRQ9	A1	PD6	IRQ6
SER2_TX	P13	IRQ3	A2	PD5	IRQ5
SER2_RX	P12	IRQ2	A3	PD4	IRQ4
SPI_MO	PE6	IRQ6	A4	PD3	IRQ3
SPI_MI	PE7	IRQ7	A5	PD2	IRQ2
SPI_CK	PE5	IRQ5	SER7_TX	PC7	IRQ14
SER5_RX	P30	IRQ0	SER7_RX	PC6	IRQ13
DAC	P05	IRQ13			

■「スイッチ・オン」で関数を実行

この機能を利用して、ピンに「ボタン・スイッチ」を接続して、ボタンが押されたら、Pythonのプログラムを実行するようにできます。

＊

[1] まず、「外部割り込み」で呼び出される「コールバック・ルーチン」を「callback」として、“intr”と表示する関数を、「Python」の「ラムダ式」で記述する。

[2] 次に、「ExtInt」クラスで、CPUピン「P05」を入力モード、プルアップで初期化し、「立ち上がりエッジ」で「割り込み」をかけ、「callbackルーチン」を呼び出すように設定。

実行すると、以下のように「intr」と表示されます。

```
>>> from pyb import Pin, ExtInt
>>> callback = lambda e: print("intr")
>>> ext = ExtInt(Pin(Pin.cpu.P05, Pin.IN, Pin.PULL_UP), ExtInt.IRQ_
RISING, Pin.PULL_UP, callback)
>>>
>>>
>>> intr
```

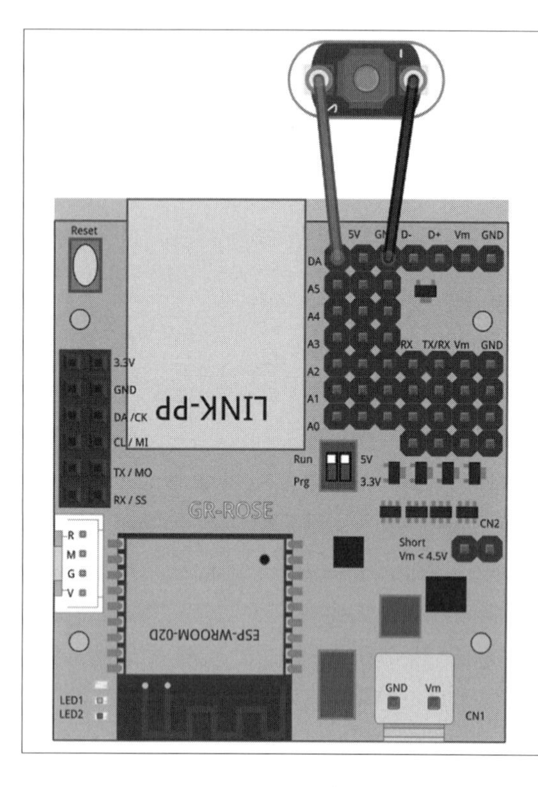

GR-ROSE	スイッチ
CPUピンP05	どちらかの端子
GND	どちらかの端子

図7-7-1 外部割り込み端子への「ボタン・スイッチ」接続図

7-8 「A/D変換」と「D/A変換」

■ A/D変換ピン

「GR-ROSE」には12ビットの精度をもつ「**A/D変換**」ができるピンが、「A0」から「A5」まで6ピンあります。

また、「**ADCクラス**」を使って、「AD変換」ができます。

*

アナログの基準電圧は、「5V」です。

[1] 「可変抵抗」の両端を、アナログの「基準電圧ピン」と「GND」につなぐ。
[2] 「可変抵抗」の「測定ピン」を、「アナログピンA0」につなぐ。

可変抵抗値を変えることで、「0」から「4095」までの数値が表示されることが確認できます。

```
>>> from pyb import Pin
>>> adc = ADC(Pin('A0'))
>>> val = adc.read()
>>> print(val)
3599
```

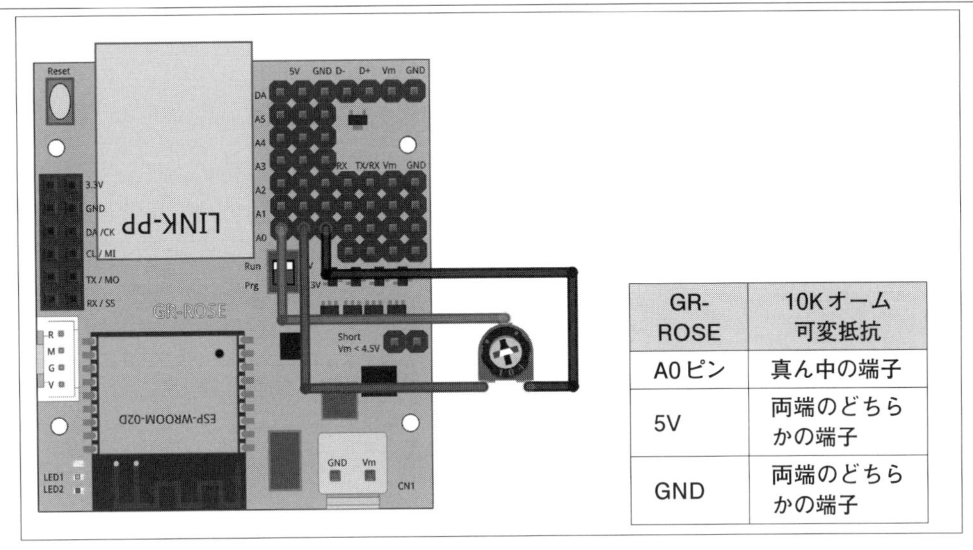

GR-ROSE	10Kオーム可変抵抗
A0ピン	真ん中の端子
5V	両端のどちらかの端子
GND	両端のどちらかの端子

図7-8-1 「A/D入力端子」への可変抵抗の接続図

■D/A変換ピン

「GR-ROSE」には12ビッドの精度をもつ**「D/A変換」**ができるピンが、「P05ピン」の1ピンだけ使用可能になっています。

また、**「DACクラス」**を使って、「D/A変換」ができます。

＊

「DACピン」と「A0ピン」を接続し、「DACピン」で「D/A変換」した電圧値を「A/D変換」してみましょう。

[1] 「DACピン」に「1024」を、「DACクラス」の「write関数」で書き込む。

[2] 「ADCクラス」の「read関数」で、「A/D変換」した値を読み取る。

以下のようになりました。

```
>>> from pyb import Pin, ADC, DAC
>>> dac = DAC(Pin('DAC'))
>>> dac.write(1024)
>>> adc = ADC(Pin('A0'))
>>> val = adc.read()
>>> print(val)
1046
```

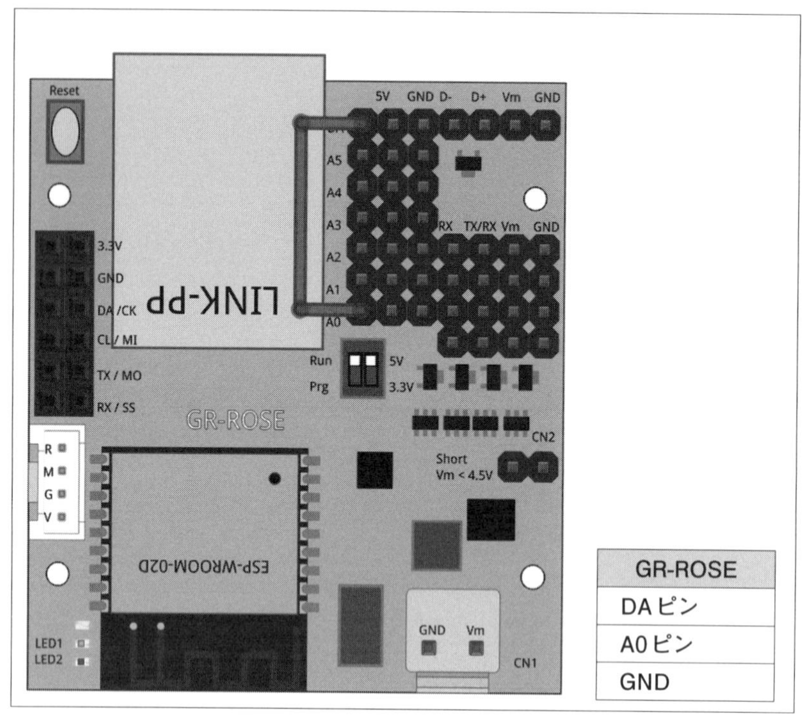

図7-8-2 「D/A変換」確認用の配線図

7-9 シリアル通信

「GR-ROSE」では、「シリアル・サーボモータ」向けに「シリアル・インターフェイス」が用意されています。

「Serial1」から「Serial4」までは、TTLレベルの半二重通信用、「Serial7」はRS-485通信用、「Serial5」は汎用となっています。

■汎用シリアル

まずは、汎用のシリアルの「Serial5」を、「USBシリアル・コンバータ」経由でPCと接続してみます。

「UARTクラス」の初期化では、最初のパラメータにシリアルの「チャネル番号」、その次に「ボーレート」を指定します。

＊

「Serial5」はCPUのシリアルの「チャネル1」に接続されているので、以下のようにクラスを初期化します。

「writeファンクション」は**「文字列」**を表示し、表示した**「文字列」**の**「文字数」**を返します。

```
>>> from pyb import UART
>>> ser5 = UART(1, 115200)
>>> ser5.write('from GR-ROSE')
12
```

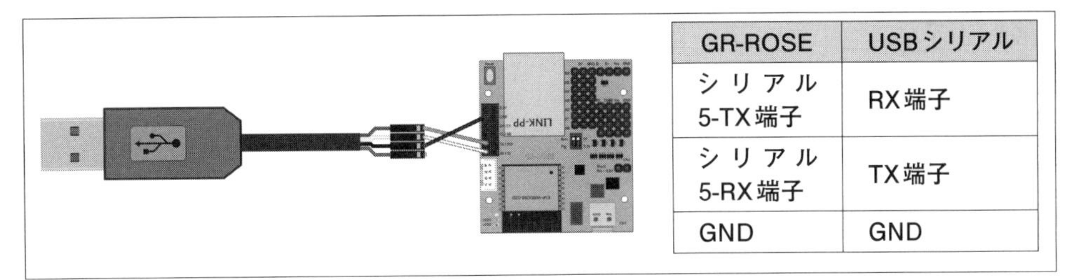

GR-ROSE	USBシリアル
シリアル5-TX端子	RX端子
シリアル5-RX端子	TX端子
GND	GND

図7-9-1　「USBシリアル変換モジュール」の接続図

COM10 - Tera Term VT

File　Edit　Setup　Control　Window　KanjiCode　Help

```
from GR-ROSE
```

図7-9-2　「シリアル・モニタ」での表示結果

■シリアル・サーボ

次に、TTLレベルの半二重通信用のインターフェイスに、近藤科学社製の「KRS3301」を接続してみます。

```
>>> import ics
>>> id = 0
>>> m = ics.ics(0, Pin.cpu.P22)
>>> m.pos(id, 7500)
7504
>>> m.read_speed(id)
127
>>>
```

その他の「ICS」のコマンドも実装したので、「ics.py」を参照してください。

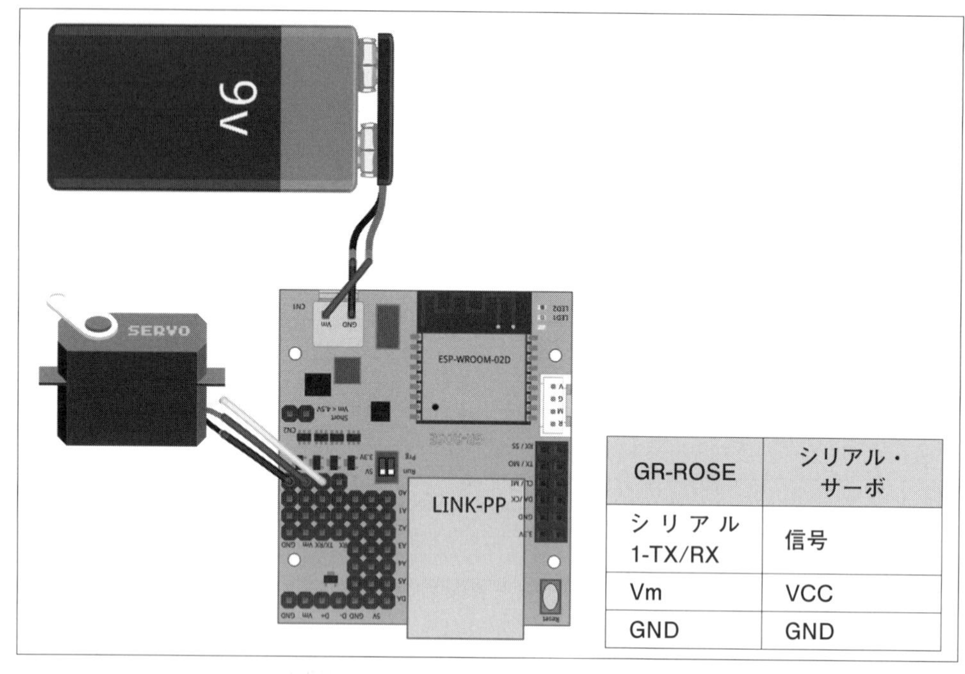

GR-ROSE	シリアル・サーボ
シリアル1-TX/RX	信号
Vm	VCC
GND	GND

図7-9-3 「シリアル・サーボ」の接続図

7-10 サーボ・モータ

■ サーボモータ用のピン

「PWM制御」の「サーボ・モータ」を制御するために、「Renesas RX MPU」の「TPU」(タイマパルス・ユニット)機能を使っています。

「GR-ROSE」の回路のピンは割り当てが制限されており、「TPU」の機能は「P20ピン」(チャンネル1)および「P13ピン」(チャンネル2)でのみ使えます。

*

下記のプログラムでは、チャネル1、2に接続されている「サーボ・モータ」の角度を45度に設定します。

```
servo1 = pyb.Servo(1)
servo1.angle(45)
servo2 = pyb.Servo(2)
servo2.angle(45)
```

角度は、「-90度」から「90度」までの範囲で指定可能です。

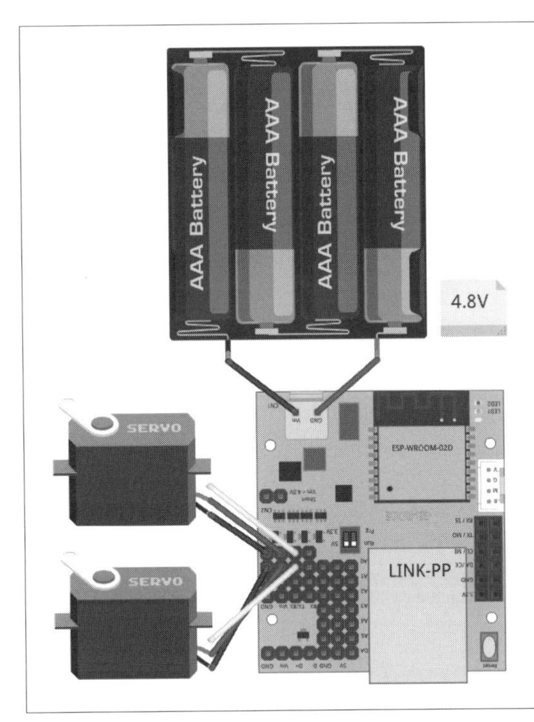

GR-ROSE	サーボモータ1
CPUピンP20 シリアル1-TX/ RX	信号
Vm (4.8V)	VCC
GND	GND

GR-ROSE	サーボモータ2
CPUピンP13 シリアル2-TX/ RX	信号
Vm (4.8V)	VCC
GND	GND

図7-10-1　「PWM」で制御するサーボの接続図

7-11　PWM機能

■「PWM機能」のピン

「PWM」の機能を実装するために、「Renesas RX MPU」の「**MTU3a**」(マルチファンクションタイマパルスユニット)機能の、「**PWMモード1**」を使っています。

「GR-ROSE」の回路のピンの割り当ての制限から、「MTU3a」の「PWMモード1」による「PWM機能」は、以下のリストにあるピンでのみ使えます

ピン名	CPUピン	PWM
SER1_TX	P20	MTIOC1A
SER4_TX	P32	MTIOC0C
SPI_CK	PE5	MTIOC4C
SER7_TX	PC7	MTIOC3A
SER7_RX	PC6	MTIOC3C
LED1	PA0	MTIOC4A

■PWMによるLEDの明るさの変更

「LED1」のピンで「PWM機能」が使えるので、このピンに50Hzの周波数、「デューティ比10%」の「PWMパルス」を出力してみます。

すると、「LED」の明るさが変わったことが確認できると思います。

```
>>> led=pyb.Pin(pyb.Pin('LED1'))
>>> pwm=pyb.PWM(led)
>>> pwm.freq(50)
>>> pwm.duty(10)
```

7-12 I2C通信

■ I2Cデバイスのスキャン

「machineモジュール」中の「I2Cクラス」と「Pin」を使います。

クロックピンを「WIRE_CLピン」、データピンを「WIRE_DAピン」にアサインして、「I2Cクラス」を作ります。

そして、「I2Cバス」をスキャンすると、「I2Cデバイス」が接続されていれば、「I2Cアドレス」が表示されます。

> ※「GR-ROSE」向けの「MicroPyhton」では、「I2C機能」は「I/Oピン」を「オン／オフ」することによって実現する、「ソフトウェア・ベース」の実装になっています。
> 　したがって、「I2C通信」にはどの「I/Oピン」も使うことができます。

```
>>> from machine import Pin, I2C
>>>
>>> i2c = I2C(scl=Pin('WIRE_CL'), sda=Pin('WIRE_DA'), freq=100000)
>>> i2c.scan()
[72]
```

このセンサの「I2Cアドレス」は、「72(0x48)」であることが分かります。

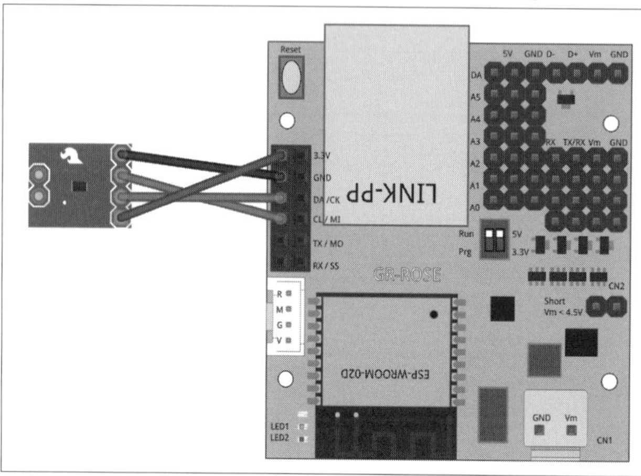

GR-ROSE	TMP102
Wire CLピン	CL
Wire DAピン	DA
3.3V	3.3V
GND	GND

図7-12-1　通信のセンサの接続図

■I2C温度センサ「TMP102」

「I2C通信」を設定して、温度センサ(TMP102)で温度を測ってみましょう。

温度センサ「TMP102」には、「MicroPython用のライブラリ」(tmp102)を利用します。

[1] 「tmp102」フォルダを、内部フラッシュにコピー。

[2] [Ctrl-D]でリスタートし、ファイル情報を更新。

[3] その後、「REPLプロンプト」で以下のプログラムを入力。

```
>>> from machine import Pin, I2C
>>> from tmp102 import Tmp102
>>>
>>> i2c = I2C(scl=Pin('WIRE_CL'), sda=Pin('WIRE_DA'), freq=100000)
>>> sensor = Tmp102(i2c, 0x48)
>>> print(sensor.temperature)
21.4375
```

結果、「21.4375度」と計測されました。

※「TMP102モジュール」の「クラス」や「関数」の初期化パラメータについては、ドキュメントを参照する必要があります。
　詳しくは、以下のURLを参照してください。

https://github.com/khoulihan/micropython-tmp102

7-13 SPI通信

「SPI通信」を使って、「8x8ドットマトリックスLED」に文字や線を表示してみます。
「GR-ROSE」と「MAX7219 LEDモジュール」を、以下のように接続します。

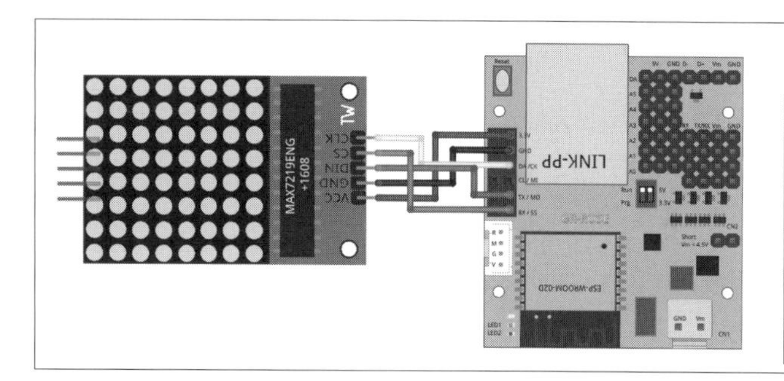

GR-ROSE	MAX7219
3.3V	VCC
GND	GND
MOピン	DIN
SSピン	CS
CKピン	CLK

図7-13-1 「LEDモジュール」の接続図

[1] 文字や線の表示には、「MAX7219」用のモジュールが入ったファイル(max7219.py)を、フラッシュドライブにコピー。

[2] [Ctrl]+[D]キーでリスタートし、ファイル情報を更新。

[3] その後、「REPLコンソール」より、下記のプログラムを入力。

```
>>> import max7219
>>> from machine import Pin, SPI
>>> spi = SPI(2)
>>> cs = Pin.cpu.PE4
>>> cs.init(cs.OUT, True)
>>>
>>> display = max7219.Matrix8x8(spi, cs, 1)
>>> display.text('1',0,0,1)
>>> display.show()
>>>
>>> display.fill(0)
>>> display.show()
>>>
>>> display.text('A',0,0,0)
>>> display.show()
>>>
>>> display.pixel(0,0,1)
>>> display.pixel(1,1,1)
>>> display.hline(0,4,8,1)
>>> display.vline(4,0,8,1)
>>> display.show()
```

※「displayクラス」や「関数」の初期化パラメータについては、ドキュメントを参照する必要があります。
詳しくは、以下のURLを参照してください。

https://github.com/mcauser/micropython-max7219

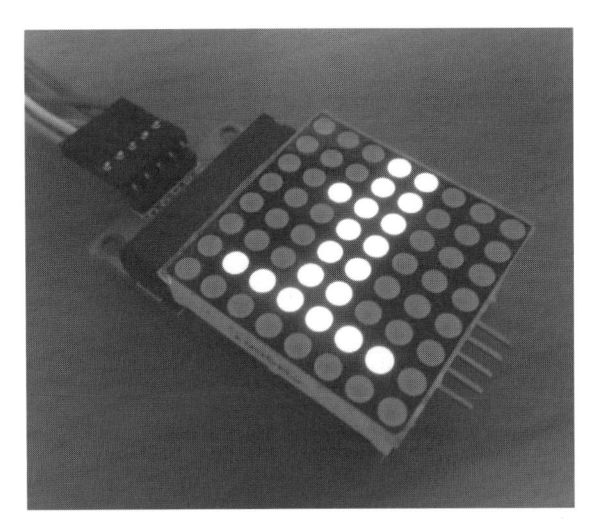

図7-13-2 「LEDモジュール」の表示結果

7-14 ネットワーク

「MicroPython」では、「Networkモジュール」でネットワーク機能が提供されています。

「GR-ROSE」向けには、ネットワークインターフェイスとして「イーサネット」を使う「LANクラス」と、「WiFi」を使う「ESP8266クラス」を実装しました。

■「LAN」のネットワークの起動

「LANネットワークインターフェイス」を使う場合には、以下の手順で起動します。

[1] 「networkモジュール」の「LANクラス」を初期化する

[2] 「active関数」でネットワークを有効にする

[3] 「IPアドレス情報」を指定する、または、「dhcp」を有効にする

```
>>> import network
>>> net=network.LAN()
>>> net.active(True)
>>> #net.ifconfig("dhcp")
>>> net.ifconfig(['192.168.0.18', '255.255.255.0', '192.168.0.1',
'192.168.0.1'])
>>> net.ifconfig()
('192.168.0.18', '255.255.255.0', '192.168.0.1', '192.168.0.1')
```

■「ESP8266」のネットワークの起動

「ESP8266」の「WiFiネットワークインターフェイス」を使う場合には、以下の手順で起動します。

[1]「networkモジュール」の「ESP8266クラス」を初期化する
[2]「SSID」と「パスワード」を指定して、WiFiネットワークに接続する
[3] 自動的に「dhcp」で接続するので、必要に応じて「IPアドレス情報」を指定する

```
>>> import network
>>> esp = network.ESP8266()
AT ver=1.6.2.0(Apr 13 2018 11:10:59)
SDK ver=2.2.1(6ab97e9)
>>> esp.connect("******", "*******")
>>> esp.ifconfig()
('192.168.0.17', '192.168.0.1', '255.255.255.0')
>>> esp.ifconfig(['192.168.0.17', '192.168.0.1', '255.255.255.0',
'192.168.0.1'])
```

■HTTPリクエスト

「ソケット・モジュール」を使うことで、「HTTPのリクエスト」ができます。

以下のプログラムは、「www.micropython.org」に「HTTP Getリクエスト」をしています。

そのリクエストから返されたデータのうち、先頭から8192バイトのデータを「data変数」に格納し、表示する内容となっています。

「ESP8266クラス」を使っている場合は、「usocket」を「uwsocket」に変更してください。

```
>>> import usocket as socket
>>> s = socket.socket()
>>> addr = socket.getaddrinfo('www.micropython.org', 80)[0][-1]
>>> s.connect(addr)
>>> s.send(b"GET / HTTP/1.0¥r¥n¥r¥n")
18
>>> data=s.recv(8192)
>>> s.close()
>>> print(data)
b'HTTP/1.1 200 OK¥r¥nServer: nginx/1.10.3¥r¥nDate: Sun, 07 Apr 2019
00:06:06 GMT¥r¥nContent-Type: text/html¥r¥nContent-Length: 54¥r¥
nLast-Modified: Sat, 04 Oct 2014 21:54:13 GMT¥r¥nConnection: close¥r¥
nVary: Accept-Encoding¥r¥nETag: "54306c85-36"¥r¥nAccept-Ranges:
bytes¥r¥n¥r¥nServer down for maintenance.¥n¥nPlease check back soon.¥'
```

■HTTPSリクエスト

「SSLモジュール」の「wrap_socket関数」を使うことで、「HTTPSリクエスト」ができます。

以下のプログラムは、「www.google.com」に「HTTPS Getリクエスト」をしています。

そこから返されたデータのうち、先頭から8192バイトのデータを「data変数」に格納し、表示する内容となっています。

```
>>> import socket
>>> import ussl
>>> s = socket.socket()
>>> ai = socket.getaddrinfo("www.google.com", 443)
>>> s.connect(addr)
>>> ss = ussl.wrap_socket(s)
>>> ss.write(b"GET / HTTP/1.0¥r¥n¥r¥n")
18
>>> data=ss.read(4096)
>>> s.close()
>>> print(data)
:（省略）
```

■「ネットワーク・ソケット」を使ったサンプル

「ネットワーク・ソケット」を使ったサンプルとして、「Telnetポート」にアクセスすると、スターウォーズの物語を「テキスト・ベース」で表示してくれるサイト(towel.blinkenlights.nl)にアクセスするサンプルを示します。

```
MicroPython v1.10-12-g43c33ed70-dirty on 2019-04-21; GR-ROSE with RX65N
Type "help()" for more information.
>>>
paste mode; Ctrl-C to cancel, Ctrl-D to finish
=== import socket
=== add_info = socket.getaddrinfo("towel.blinkenlights.nl", 23)
=== addr =  add_info[0][-1]
=== s = socket.socket()
=== s.connect(addr)
=== while True:
===     data = s.recv(500)
===     print(str(data, 'utf8'), end='')
===
```

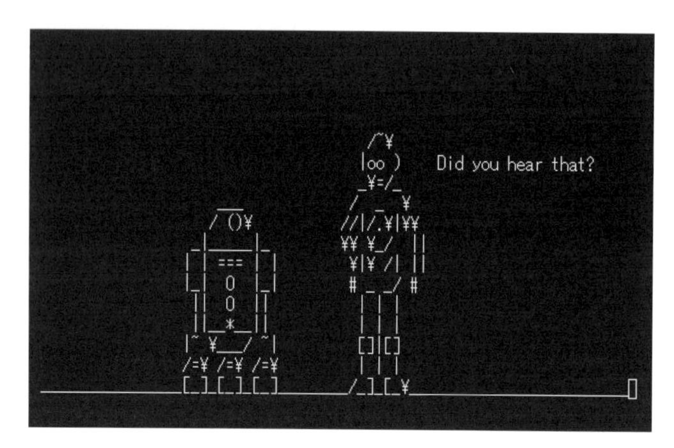

図7-14-1 「ネットワーク・ソケット」のサンプル実行結果

■「Web サーバ」のサンプル

次の「サンプル・プログラム」は、「GR-ROSE」が「簡易Webサーバ」となり、ブラウザ上のボタンから「GR-ROSE」のLEDを「オン／オフ」する例です。

図7-14-2 「ESP8266」をWebサーバにした際のブラウザ表示

```
import network
net=network.LAN()
net.active(True)
net.ifconfig("dhcp")
net.ifconfig()
try:
    import usocket as socket
except:
    import socket
from pyb import LED
led = LED(1)
def web_page(gpio_state):
    html = """<html><head> <title>ESP Web Server</title> <meta
name="viewport" content="width=device-width, initial-scale=1">
    <link rel="icon" href="data:,"> <style>html{font-family:
```

```
Helvetica; display:inline-block; margin: 0px auto; text-align:
 center;}
    h1{color: #0F3376; padding: 2vh;}p{font-size: 1.5rem;}.
button{display: inline-block; background-color: #e7bd3b; border:
none;
    border-radius: 4px; color: white; padding: 16px 40px; text-
decoration: none; font-size: 30px; margin: 2px; cursor: pointer;}
    .button2{background-color: #4286f4;}</style></head><body> <h1>ESP
 Web Server</h1>
    <p>GPIO state: <strong>""" + gpio_state + """</strong></p><p><a
 href="/?led=on"><button class="button">ON</button></a></p>
    <p><a href="/?led=off"><button class="button button2">OFF</
button></a></p></body></html>"""
    return html
s = socket.socket(socket.AF_INET, socket.SOCK_STREAM)
s.bind(('', 80))
s.listen(5)
while True:
    conn, addr = s.accept()
    #print('Got a connection from %s' % str(addr))
    request = conn.recv(1024)
    request = str(request)
    #print('Content = %s' % request)
    led_on = request.find('/?led=on')
    led_off = request.find('/?led=off')
    led_state = "OFF"
    if led_on == 6:
        led.on()
        led_state = "ON"
    if led_off == 6:
        led.off()
        led_state = "OFF"
    response = web_page(led_state)
    conn.send('HTTP/1.1 200 OK¥n')
    conn.send('Content-Type: text/html¥n')
    conn.send('Connection: close¥n¥n')
    conn.sendall(response)
    conn.close()
```

※ここで紹介したサンプルは、以下の記事をもとにしています。

https://randomnerdtutorials.com/esp32-esp8266-micropython-web-server/

■最後に

この章で説明したように、「MicroPython」を使うと、「GR-ROSE」の周辺機能を簡単に使うことができます。ぜひ、活用してみましょう。

第8章

「.Net Micro Framework」

「.Net Micro Framework」も、「.Net Framework」の「C#」(または「VB」)の「インタープリタ」が動作する環境です。

「MicroPython」のように「マイクロ・コントローラ」下のメモリの少ない制約のある環境での実行に最適化されています。

「ROM512Kバイト」「RAM64Kバイト」程度で動作します。

この章では、「Windows 10」のPCから「GR-ROSE」向けに利用するための手順を紹介します。

8-1 インストール

■ 必要なコンポーネント

「.Net Micro Framework」で使われている言語は「.Net Framework」のサブセットで、「ジェネリック」や「非同期処理」などはサポートされていません。

「Microsoft .NET Foundation」によって「オープン・ソース」化されましたが、残念ながら現在はコミュニティによる開発は停滞しています。

しかし、現在も、手軽にプログラムを作ったりデバッグしたりできる環境として、活用できます。

*

「.Net Micro Framework」を利用するには、「Windows 10」のPCを用意し、以下のコンポーネントをインストールする必要があります。

①「Visual Studio Community」(2017または2019)
②「.Net Micro Framework」4.4 SDK
③「.Net Micro Framework」向けの「Visual Studio」拡張モジュール
④「GR-ROSE」向けの「.Net Micro Framework」ファームウェア

※「Community版」でのみ、動作確認しています。
　Mac版の「Visual Studio」では動作しません。
　②,③,④のコンポーネントは、工学社のサイトからダウンロードしてください。

■「Visual Studio」のインストール

Microsoftのサイトから、「インストーラ」をダウンロードして実行します。
「.Netデスクトップ環境」を選択して、インストールしてください。

```
https://visualstudio.microsoft.com/downloads/
```

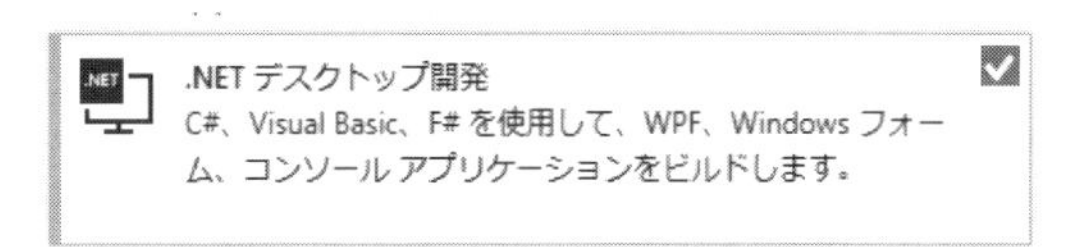

図8-1-1　「Visual Studio」のインストール

■「.Net Micro Framework」の「4.4 SDK」インストール

「インストーラ」(MicroFrameworkSDK.MSI)を実行し、「ウィザード」に従って、インストールを完了します。

デフォルトでは、「C:\Program Files (x86)\Microsoft .NET Micro Framework\v4.4」に「.Net」の「アセンブリ」や「ツール」などのコンポーネントがインストールされます。

■「Visual Studio」の「拡張モジュール」のインストール

「Visual Studio 2017」の場合は、「NetmfVS15.vsix」を実行します。
「Visual Studio 2019」の場合は「NetmfVS16.vsix」実行します。
インストール後は、「Visual Studio」の「拡張機能メニュー」に表示されます。
アンインストールは、このメニューから行ないます。
また、「.Net Micro Framework」用の「プロジェクト・テンプレート」がPCにインストールされるとともに、**図8-1-2**のような「Net Micro Framework」用の「拡張メニュー」が、「Visual Studio」に組み込まれます。

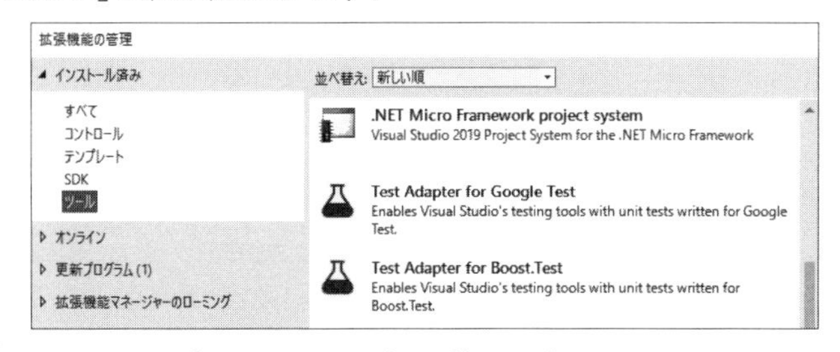

図8-1-2　「Visual Studio」での拡張モジュールインストール

■「.Net Micro Framework」の「ファームウェア」のインストール

「.Net Micro Framework」の「ファームウェア」は、「GR-ROSE」をUSBケーブルでPCにつなぎ、「GR-ROSE」のドライブに「ドラッグ・アンド・ドロップ」することで行ないます。

＊

インストールが完了すると、Windowsの「デバイス・マネージャー」から、「GR-ROSE」が「ユニバーサル・シリアルバスデバイス」として確認できます。

以上で、「GR-ROSE」で「.Net Micro Framework」のプログラムを作成、実行する環境が整いました。

8-2 最初のサンプル「Lチカ」

■「Visual Studio」でプログラムの作成

ここでは、最初のサンプルとして「Visual Studio 2019」を例に、「GR-CITRUSボード上のLED」を点灯してみます。

[1] 「.Net Micro Framework」の「プロジェクト」を作る。

まずは、「Visual Studio」を起動し、**[ファイル]→[新規作成]→[プロジェクト]**を選択して、「新しいプロジェクトの作成」ウィンドウから、「プロジェクト」をつくります(図8-2-1)。

図8-2-1 新しいプロジェクトの作成画面

「プロジェクト・テンプレート」の「検索」のフィールドに「".Net Micro Framework"」と入力すると、「.Net Micro Framework」の「プロジェクト・テンプレート」が表示されます。

この中から、「C# Console Application」を選択し、[次へ]ボタンを押します。

[2]「プロジェクト名」には「SampleLED」と入力し、「場所」には適当なフォルダを入力して、[作成]ボタンを押す(図8-2-2)。

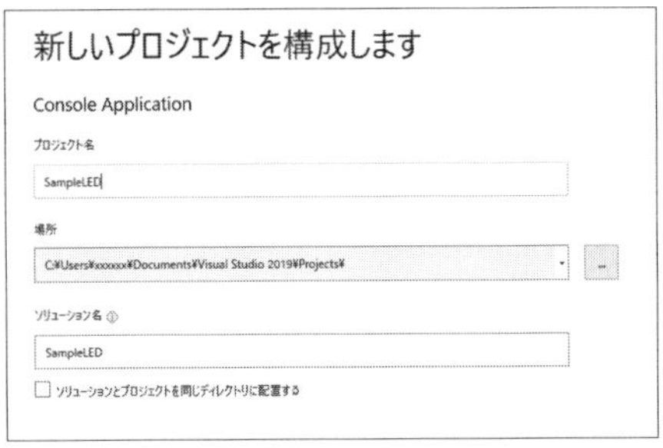

図8-2-2　新しいプロジェクトの「名前」「格納先」の設定

[3] マウスで「ソルーション・エクスプローラ」中の「Program.cs」を選択(図8-2-3)。

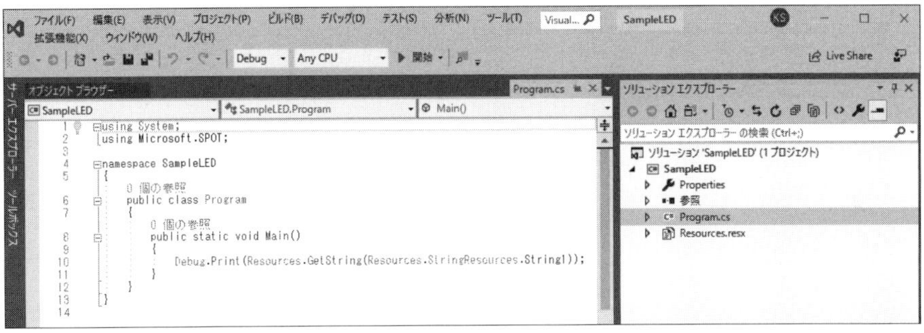

図8-2-3　プログラムの表示

[4]「LED」の「オン／オフ」を、50msごとに無限に繰り返すプログラムを入力。

```
using System;
using System.Threading;
using Microsoft.SPOT;
using Microsoft.SPOT.Hardware;

namespace SampleLED
{
    public class Program
    {
        static Cpu.Pin pinLED = (Cpu.Pin)0x80;      // LED1 PA0
        public static void Main()
        {
            OutputPort GPIO_Out = new OutputPort(pinLED, true);
            Int32 i = 0;
            while (true)
            {
                Debug.Print("Hello, World! " + i.ToString() + " times");
                GPIO_Out.Write(false);
                Thread.Sleep(500);
```

```
                GPIO_Out.Write(true);
                Thread.Sleep(500);
                i++;
            }
        }
    }
}
```

プログラムを入力した段階では、「Cpu」とか「OutputPort」などの参照が解決していないため、「赤の波線」が表示されてしまいます。

[1] まず、「ソルーション・エクスプローラ」の[参照]をクリック。

デフォルトでは、「Microsoft.SPOT.Native」と「mscorlib」のみが登録されています。

そこで、[参照]をマウスで「右クリック」して、「参照の追加」のダイアログボックスを表示させます。

その中から、「Microsoft.SPOT.Hardware」を選択して、[OK]ボタンを押します(図8-2-4)。

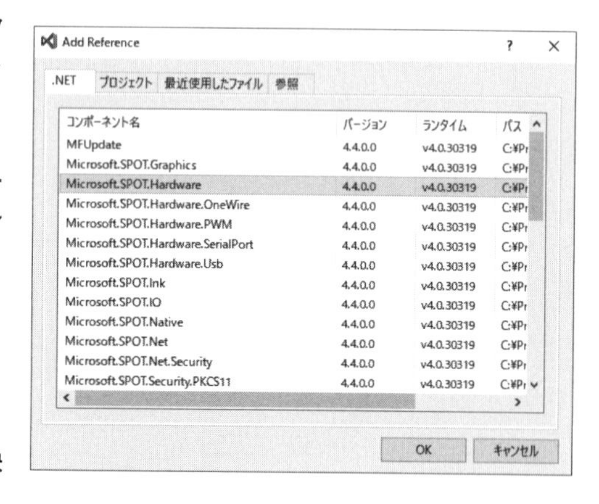

図8-2-4 「Cpu」や「OutputPort」の参照を解決

すると、「赤い波線」が消え、「未解決の参照」が解決されます。

[2] 次に、「ソルーション・エクスプローラ」で「プロジェクト名」の「SampleLED」をマウスで「右クリック」して、「プロパティ」メニューを選択(図8-2-5)。

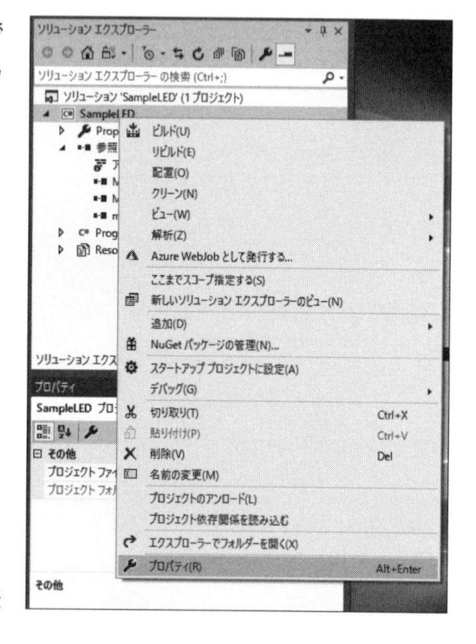

図8-2-5 プロパティ表示

[3] 左側に表示される項目から、「.Net Micro Framework」を選択。

デフォルトでは、「Transport」の「ドロップダウン・リストボックス」に「Emulator」が表示されているので、「USB」を選択します。

すると、「Device」のリストボックスに、「"GR_ROSE_GR_ROSE"」と表示されます(**図8-2-6**)。

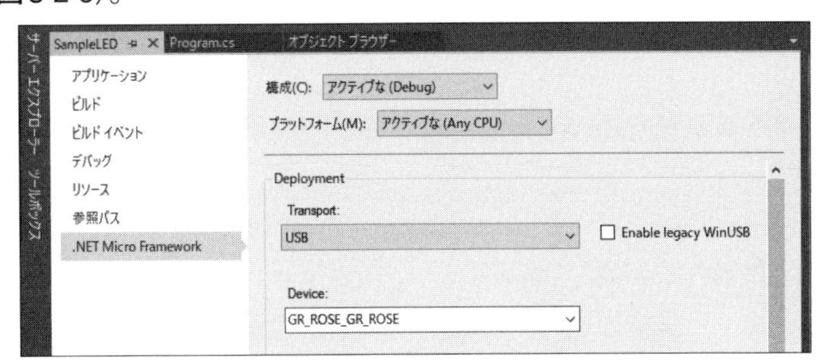

図8-2-6　「Transport」と「Device」の設定

この状態から、「ビルド・メニュー」の「ソルーションのビルド」を選択すると、プログラムのビルドが実行されます(**図8-2-7**)。

図8-2-7　ビルドの結果出力

＊

正常終了を確認できたら、プログラムを実行します。

[開始]ボタンか**[F5]**キーを押すか、「デバッグ」メニューで「デバッグの開始」を選択すると、作られた「.Net Micro Framework」の「バイナリ・プログラム」(CLRの中間言語)が、「USBトランスポート」で「GR-ROSE」に転送され、「内部フラッシュ」に書き込まれます。

そして、「GR-ROSE」の「.Net Micro Framework」の「ファームウェア」中の「インタープリタ」で実行されます。

1秒ごとに出力ウィンドウに「"Hello, World! x times"」と表示されつつ、500msごとに「LED」の「オン／オフ」が繰り返されます。

※「デバック」メニューによって「中断」したり、「ブレーク・ポイント設定」をしたりできます。

8-3 「.Net Micro Framework」の概要

■「.Net Micro Framework」の「アーキテクチャ」

「.Net Micro Framework」の「アーキテクチャ」は、**図8-3-1**のように、「**アプリケーション層**」「**クラスライブラリ層**」「**ランタイム層**」または「**ハードウェア層**」に分かれています。

このうち、「ランタイム層」の「HAL」と「ハードウェア層」が、ボード独自の実装になっています。

＊

「GR-ROSE」用の「.Net Micro Framework」の「ファームウェア」には、「ハードウェア層」「ランタイム層」または「クラスライブラリ層」の実装が含まれ、Githubに公開されている「オープン・ソース」からビルドされています。

これは、「.Net」のアプリが、前章で作った「アプリケーション」に相当します。

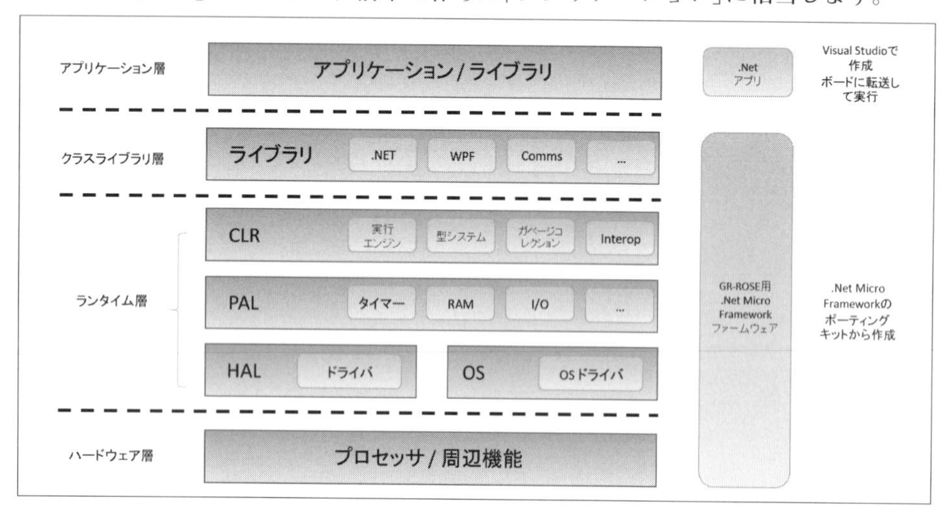

図8-3-1 「.Net Micro Framework」のアーキテクチャ

※「ファームウェア」のソースは、https://github.com/ksekimoto/netmf-interpreter (https://github.com/NETMF/netmf-interpreter)で公開されています。
ビルド方法などの詳細は、「インターフェース2012年8月号」を参照ください。

8-4 「GR-ROSE」向けの機能

■「GR-ROSE」向けの機能

「GR-ROSE」向けの「.Net Micro Framework」の実装では、以下の表にある機能が利用できます。

周辺機能	内　容
I/O	I/Oピンの入出力
ADC	アナログ入力
I2C	ソフトウェアによるI2C転送
SPI	ハードウェアSPI転送
シリアル	シリアル転送
タイマー	タイマー操作
Ethernet	イーサネット(non SSL)

■「I/O」の機能

「.Net Micro Framework」の「**I/Oピン**」は、「GR-ROSE」向けの「ファームウェア」では、「RX65N CPU」の「I/Oポート」のピンは、「**ポート番号x8 + ピン番号**」でマップされています。

「GR-ROSE」の「LED1」は「PA0ピン」なので、「.Net Micro Framework」では、「0xA(10進数の10) x 8」となり、10進数で「80」となります。

■「ADC」の機能

「GR-ROSE」向けの「ファームウェア」では、「アナログA0ピン」から「アナログA5ピン」(「RX65N CPU」の「PD2」から「PD7」)は、「.Net Micro Framework」の「アナログ・チャネルANALOG_0」から、「ANALOG_5」に割り当てられています。

*

以下に使用例を示します。

```
static Cpu.AnalogChannel ch0 = (Cpu.AnalogChannel)0;
AnalogInput aiVR2 = new AnalogInput(ch0);
Debug.Print("Slide Resistor = " + aiVR2.ReadRaw().ToString());
```

■「I2C」の機能

「GR-ROSE」向けのファームウェアでは、「I2C」は「Wire CL」または「Wire DA」を使う設定になっています。

実装は、「CPU」の周辺機能ではなく、「I/Oピン」をソフト的に行なっています。

＊

以下に、指定したアドレスの「I2Cデバイス」から、データを読み取るメソッドを示します。

```
static int I2CSmbusReadByte(ushort addr)
{
    byte[] data = new byte[1];
    I2CDevice i2c = new I2CDevice(new I2CDevice.Configuration(addr, 100));
    I2CDevice.I2CTransaction[] transaction =
        new I2CDevice.I2CTransaction[] { I2CDevice.CreateReadTrans
action(data) };
    int result = i2c.Execute(transaction, 1000);
    if (result > 0)
        return result;
    else
        return -1;
}
```

■「SPI」の機能

「GR-ROSE」向けの「ファームウェア」では、「SPI」はCPUの「RSPI」(シリアル・パラレル・インターフェイスの「0-2」)の「チャンネル1」に割り当てられ、「SS/MO/MI/CKピン」を使う設定になっています。

「.Net Micro Framework」では、「SPI2」(SPI.SPI_module.SPI2)に割り当てられています。

＊

使用例として、「チップ・セレクト」にCPUの「PE4」(10進116)を使って、「SPIクラス」を初期化するコマンドを示します。

```
SPI.Configuration SPICfig = new SPI.Configuration((Cpu.Pin)116,
        false, 0, 0, false ,true, 4000, SPI.SPI_module.SPI2);
```

■「シリアル」の機能

「GR-ROSE」の「Serial1」～「Serial7」は、「.Net Micro Framework」の「COM1」～「COM7」に割り当てられています。

ただし、「COM4-COM7」は内部に事前登録されておらず、別途「"COM4"-"COM7"」の文字列として指定する必要があります。

＊

使用例として、「シリアル・サーボ」の位置指定のメソッドを示します。

```
static int SetPos(string PortName, int pin_no, int id, int pos)
{
    SerialPort comx = new SerialPort(PortName, 115200, Parity.Even,
8, StopBits.One);
    Cpu.Pin pin = (Cpu.Pin)pin_no;
    OutputPort port = new OutputPort(pin, true);
    byte[] tx = new byte[3]; // unsigned char tx[3]
    byte[] rx = new byte[6]; // unsigned char Rx[6]
    int dat;
    tx[0] = (byte)(0x80 | id);        // CMD
    tx[1] = (byte)(pos >> 7 & 0x7F); // POS_H
    tx[2] = (byte)(pos & 0x7f);      // POS_L
    comx.Open();
    comx.Flush();
    comx.Write(tx, 0, 3);
    int i = 0;
    int read_count = 0;
    while (read_count < rx.Length)
    {
        i = comx.Read(rx, i, rx.Length - read_count);
        read_count += i;
        Thread.Sleep(5);
    }
    dat = (int)rx[4];
    dat = (dat << 7) + (int)rx[5];
    return dat;
}
```

＊

その他の機能や各機能の詳細については、誌面の都合で割愛しています。

「サンプル・プログラム」で確認してください。

■最後に

この章で説明したように、「.Net Micro Framewor」を使うと、「Visual Studio」から簡単に「プログラムの作成」や「デバッグ」ができます。

ちょっとしたガジェットの作成に、ぜひ、活用してみましょう。

附録

「デバッガ」の接続

この「附録」では、「デバッグ・ツール」である「E2エミュレータLite」の接続方法と、「e2studio」での操作方法を紹介します。

これは、「GR-ROSE」や「RX65Nマイコン」を使った本格的なプログラム開発を進めるのに使います。

＊

「プロトタイピング」では、比較的小規模なプログラム構成ですむと思いますが、大人数で作ったプログラムを結合してバグが発生した場合には、どこに「バグ」の原因があるのか、特定が難しくなってきます。

このようなとき、「デバッガ」を接続すれば、「任意の位置でのプログラム停止」や「マイコン内部のメモリやレジスタの確認」ができるため、「デバッグ作業」を効率よく進めることができます。

■「GR-ROSE」と「E2エミュレータLite」の配線例

「GR-ROSE」と「E2エミュレータLite」の配線を、図1に示します。

「E2エミュレータLite」のコネクタは、14ピンの「2.54mmピッチ汎用コネクタ」なので、多くのボードは直接接続できるように、14ピンの「スルー・ホール」を用意します。

ただし、「GR-ROSE」では「ロボット」への組み込みを想定しています。

そのため、ボード面積の縮小や、「ワイヤー・ハーネス」を細くするために、最小限の「4個のピン」のみを「信号」として、「スルー・ホール」にアサインしています。

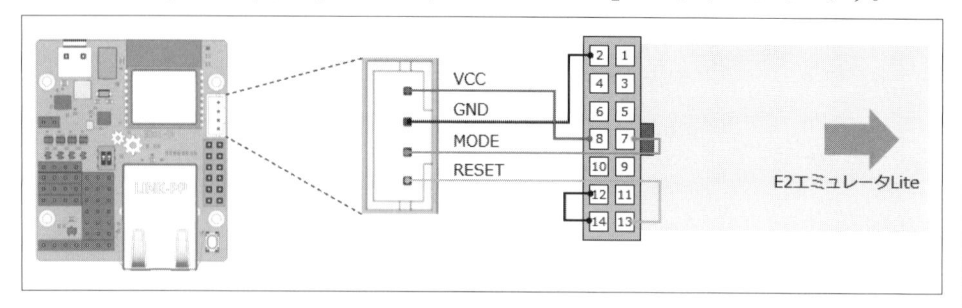

図1 「GR-ROSE」と「E2エミュレータLite」の配線例

■「e2studio」での操作①　-「elfファイル」の生成-

「デバッガ」の接続は、「e2studio」で行ないます。

「Webコンパイラ」や「IDE for GR」では接続することはできません。

＊

「e2studio」での操作を説明する前に、**「デバッガ」の概要**について説明します。

「デバッガ」を接続すると、プログラムの任意の行に**「ブレーク・ポイント」**を設定したり、プログラム停止時に変数の値を確認できたりします。

これらの操作ができるのは、「ソース・プログラム」の行に対する「コードの配置アドレス」や、「変数の配置アドレス」「スコープ」が、「elf形式」のファイルとしてデバッグ情報が出力されるためです。

この「elfファイル」を出力するために、**「HardwareDebug」**というビルド構成が用意されています。

＊

図2のとおり、「GR-ROSE」のプロジェクトルートから「コンテキスト・メニュー」を開き、**[ビルド構成]**から、**[HardwareDebug]**をアクティブにします。

設定後、プロジェクトをビルドします。

プロジェクトに「HardwareDebugフォルダ」が生成され、ビルドが完了すると**「elfファイル」**が生成されます。

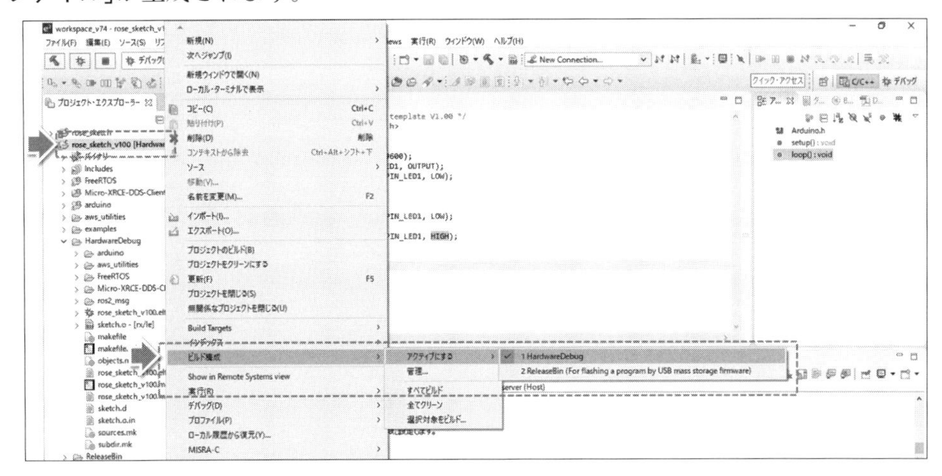

図2　「HardwareDebug」を「アクティブ・プロジェクト」に設定

■「e2studio」での操作②　-デバッガ接続-

次に、「デバッガ」を接続します。

＊

「e2studio」で操作する前に、**「E2エミュレータLite」**と**「GR-ROSE」**を接続します。

「e2studio」では「GDB」(GNU Project Debugger)をベースにしたプラグインを、「GUI」で簡単に操作できるようにしています。

図3のように、「elfファイル」から「コンテキスト・メニュー」を開き、**[デバッグ]→[Renesas GDB Hardware Debugging]**を選択してください。

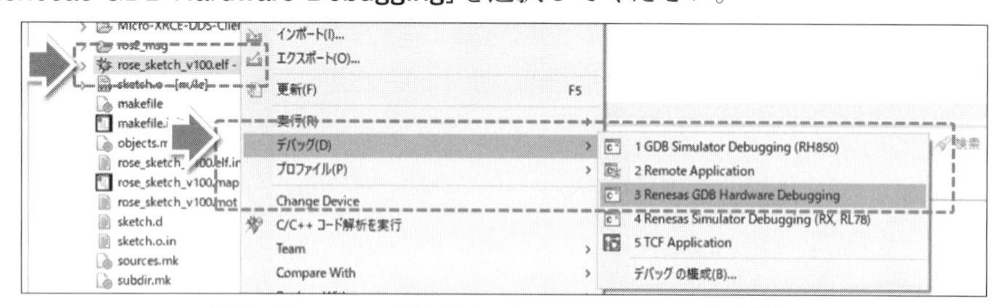

図3　[Renesas GDB Hardware Debugging]を選択

「E2エミュレータLite」が「GR-ROSE」上のマイコンと通信を行ない、接続を確立します。

完了すると、「パースペクティブ」を開くかの確認画面が出るので、**[はい]**を選択します。

「デバッグ・パースペクティブ」とは、いわゆる“デバッグ専用の画面構成”です。

[はい]を選択すると、**図4**のように「プログラムの実行開始位置」の他、「レジスタなどを確認するウィンドウ」「逆アセンブル」(メモリの値からアセンブルに変換したもの)が表示されます。

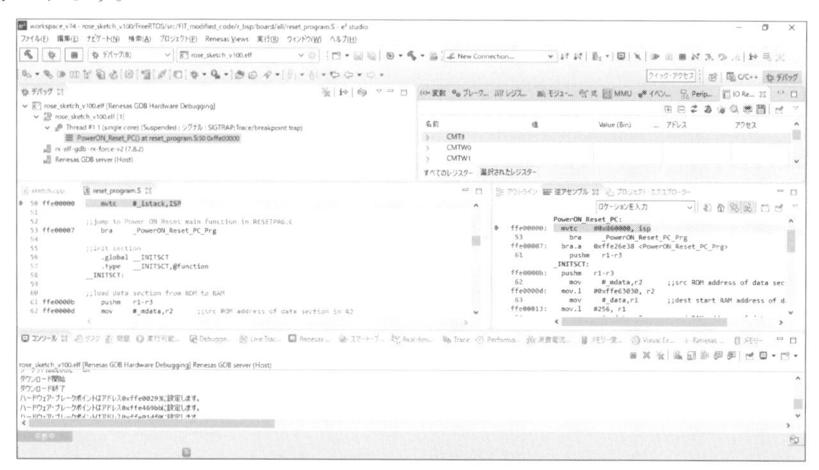

図4　デバッガ接続後の画面

■「e2studio」での操作③　-デバッグ作業-

デバッガ接続後は、プログラムの実行や、停止して「デバッグ作業」を行ないます。
ここでは、よく使う操作を紹介します。

＊

図5は、ツールバーにある「ボタン」です。

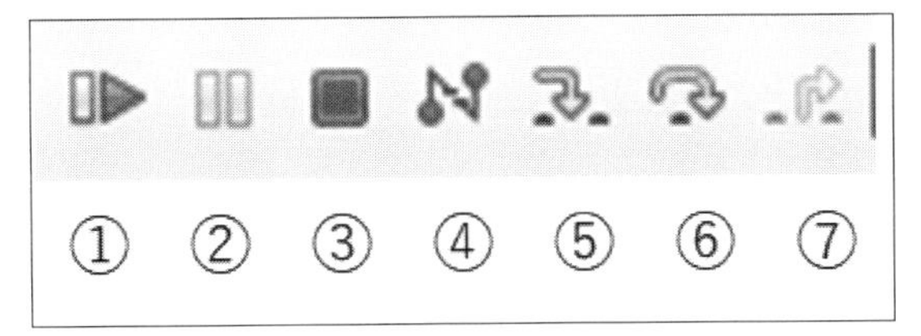

図5　ツールボタン

それぞれの「ボタン」の役割は、以下のとおりです。

---

①プログラムを実行。
②プログラムを停止。
③デバッガを切断。
④デバッガを切断。(③と同様)
⑤ステップイン。その行の関数の中に入る。
⑥ステップオーバー。その行の関数を実行。
⑧リターンアウト。関数の中にいる場合、リターンするまで実行。

図6のように、「ブレーク・ポイント」(プログラムを停止する位置)は、「ソース・ウィンドウ」で「アドレス」を「ダブル・クリック」すると設定できます。

また、「関数」や「変数」にマウスカーソルをあてると、「型」や「アドレス」が表示されます。

プログラムがスコープ内で停止している場合は、「変数」の値も確認できます。

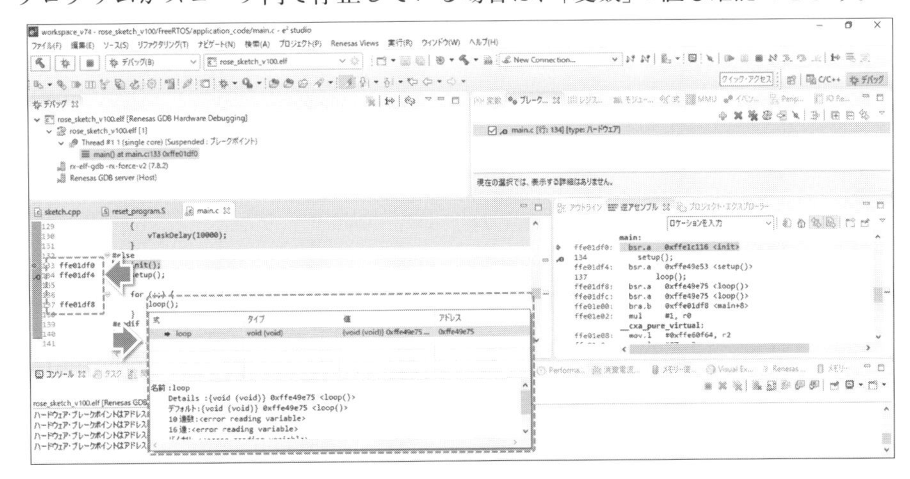

図6　「ブレーク・ポイント」の「アドレス」確認

■ デバッガ接続時のトラブル

デバッガ接続時によくあるトラブルとして、**図7**に示すようなウィンドウが表示されることがあります。

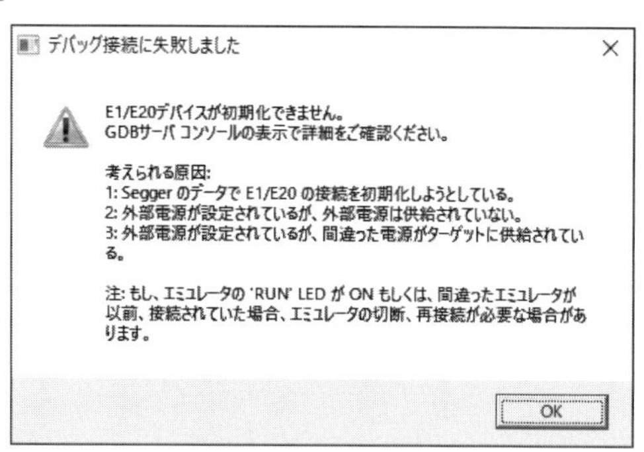

図7　デバッガ接続の失敗時に表示されるウィンドウ

このような場合は、「GR-ROSE」と「E2エミュレータLite」の**配線**が疑われます。

そこで、**図8**に示す「デバッグ構成設定」のうち、[Debugger]タブ→[Connection]タブ内にある**「電源」**の設定を確認してください。

「電源」の設定が「はい」に設定されている場合、「E2エミュレータLite」はシステムに電源を供給します。

すでにシステムの電源が供給されている場合には、電流の「逆流」を防ぐため、電源を供給せずに、前記の「エラー表示」を行ないます。

このため、システムの供給電源を使う場合は、「電源」の設定を**「いいえ」**にして、「デバッガ」の接続をしてください。

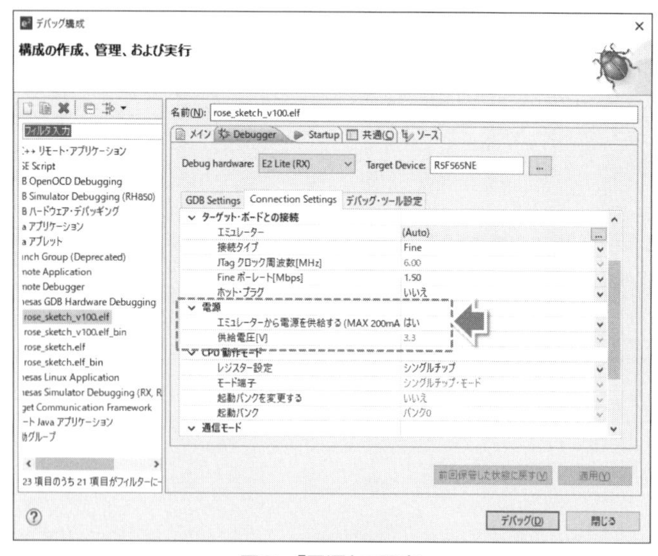

図8　「電源」の設定

■「GR-ROSE」の「ファームウェア」の復帰について

「HardwareDebug」のビルド構成を使って「デバッガ」を接続した場合、「GR-ROSE」の出荷時に書き込まれた「ファームウェア」は消えてしまいます。

これを復帰するためには、「GR-ROSE」の製品ページに掲載されている**「motファイル」を書き込む**ことで、復帰できます。

＊

「motファイル」を書き込む場合は、**図9**に位置する「GR-ROSE」の「スライド・スイッチ」を**「P」**のほうに設定し、「USB」を接続することで、マイコンが**「USBブート」**というモードになります。

その後、「Renesas Flash Programmer」(RFP)という**ルネサス エレクトロニクス社**が提供するソフトを使うことで、「motファイル」を書き込むことができます。

＊

操作方法については、本書では割愛します。

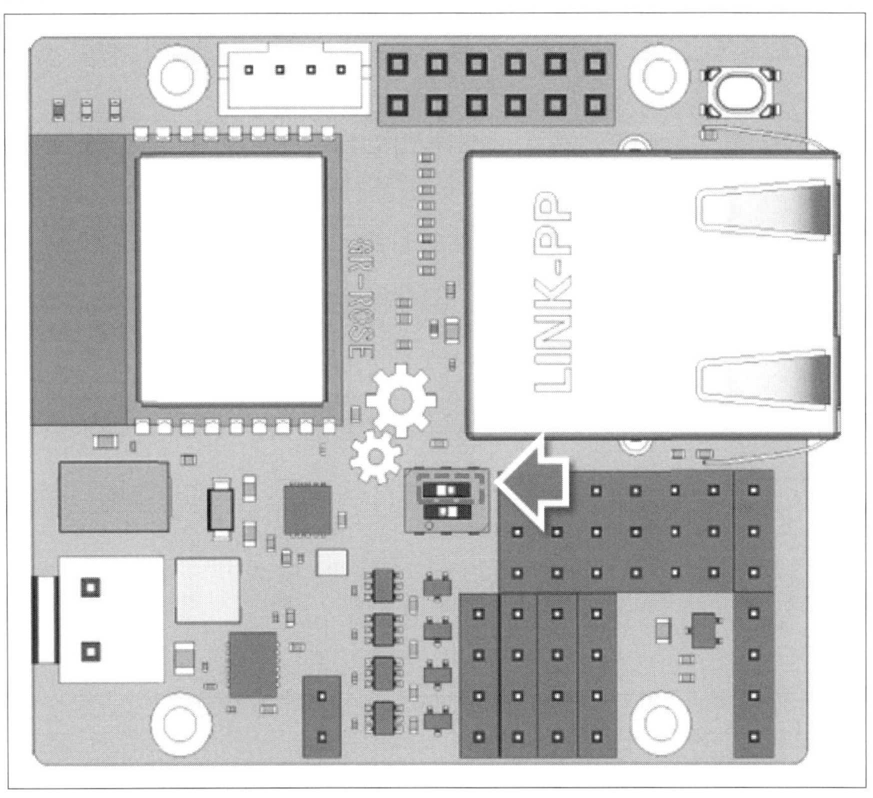

図9 「GR-ROSE」の「ファームウェア」復帰時に設定するスイッチ

索引

【数字、記号】

【アルファベット順】

《A》

《B》

《C》

《D》

《E》

《F》

《G》

《H》

《I》

《L》

《M》

《N》

《O》

《P》

《R》

《S》

《T》

《U》

《W》

《X》

【五十音順】

《あ行》

《か行》

《さ行》

《た行》

《な行》

《は行》

《ま行》

《や行》

《ら行》

［執筆者略歴］

新野　崇仁（にいの・たかひと）:1章

本職は回路設計だと思っているが、最近欲望に負けて光造形3Dプリンタの購入に走り、構造設計にも手を出しはじめ、日々試行錯誤。
回路設計、基板設計、プログラムに構造設計など、広く浅くをモットーとした技術をさらに追求。次は何に手を出すか模索中。

岡宮　由樹（おかみや・ゆうき）:2章、附録

2002年、NECに入社。V850車載系のマイコン用デバッグツールを担当。
同年、NECエレクトロニクスに分社後も開発ツールの企画・サポートを担当。
2010年、ルネサスエレクトロニクスに統合後は、主に開発ツールの企画を担当。
2012年、GADGET RENESASプロジェクト発足以降、クラウドツールやボード企画、イベントやコンテストの運営を担当。
2018年、本誌主役の「GR-ROSE」を企画。

武藤　夏希（むとう・なつき）:3章

ROS/ROS2を使ったソフトウェアやミドルウェアの開発に従事。
最近は、DDS-XRCEを使ったソフトウェアの開発などを担当。
「GR-ROSE」は発売後すぐに個人で購入。自宅で工作中。

岡田　紀雄（おかだ・のりお）:4章、5章

中学1年生のころに、PC-8001で英語より早くアセンブラを習得。
ゲーセンでゲームをするでもなく、ゲーム動作を学び自作して遊ぶ日々を送る。
ソフトの代表作として、圧縮ツール「LHA」（X68000版）、「HyperOS」（u-ITRON4準拠）のV850版、R5000版。
2003年ころから、「2足歩行ロボット」を作りはじめ、今に至る。

関本　健太郎（せきもと・けんたろう）:6章、7章、8章

学生時代に自作コンピュータ（TM9995/Z80/MC68000）の部品代を稼ぐために、ソフトウェアハウスにてMSX、X68000の付属ソフトウェアの一部などを担当。
1988年、外資系コンピュータ企業数社にて、PC、サーバ、ストレージの開発に従事。
2013年、クラウドのソリューションアーキテクトとして、OpenStack、Azure、Azure Stack、AWSなどを担当。

質問に関して

本書の内容に関するご質問は、

①返信用の切手を同封した手紙
②往復はがき
③FAX(03)5269-6031
（ご自宅のFAX番号を明記してください）
④E-mail　editors@kohgakusha.co.jp

のいずれかで、工学社編集部あてにお願いします。
なお、電話によるお問い合わせはご遠慮ください。

サポートページは下記にあります。

［工学社サイト］
http://www.kohgakusha.co.jp/

I/O BOOKS

「GR-ROSE」ではじめる電子工作

2019年7月10日　初版発行　ⓒ2019

著　者　GADGET RENESASプロジェクト
発行人　星　正明
発行所　株式会社工学社
〒160-0004 東京都新宿区四谷4-28-20 2F
電話　(03)5269-2041(代)［営業］
(03)5269-6041(代)［編集］
振替口座　00150-6-22510

※定価はカバーに表示してあります。

［印刷］シナノ印刷（株）

ISBN978-4-7775-2084-8